Dr. Manfred Winterheller

KONTINUUM BASIERENDE FÜHRUNG
und was Gemüsekisten
über das Management aussagen

ISBN 978-3-902148-20-9

1. Auflage 2019

Verlag Dr. Manfred Winterheller
A-8010 Graz
www.start-living.com

Satz: Verlag Dr. Manfred Winterheller, Graz
Druck und Bindearbeiten: Christian Theiss GmbH, St. Stefan im Lavanttal

Coverdesign: Verlag Dr. Manfred Winterheller
Coverfotos: Andreas Hofer | andreas-hofer-photography.at

Gedruckt in Österreich

Für Uli, Julia, Cornelia, Katharina und Michael

Inhaltsverzeichnis

Einleitung

Es gibt eine Form von Perfektion in jedem Tun, eine perfekte Harmonie und Übereinstimmung zwischen den Beteiligten untereinander und in der Interaktion mit ihrem Umfeld. Das scheint sehr selten zu sein und nur herausragenden Vertretern ihrer jeweiligen Zunft offenzustehen. Es scheint außerordentliches Talent dazu notwendig, kombiniert mit jahrelanger disziplinierter Übung, damit beispielsweise Musiker in ihrer Musik völlig aufgehen können und in eine Art gemeinsamer Schwingung verfallen, die auch den Zuhörer ergreift.

Aber wenn man solche Momente bewusst zu suchen beginnt, dann werden sie plötzlich überall erkennbar. Tiere scheinen in ihrer natürlichen Umgebung ständig in dieser Perfektion zu existieren. Es macht keinen Unterschied, ob es sich um kleine Ameisen handelt oder um riesenhafte Elefanten, um große Delfine oder um einen Schwarm kleiner Heringe. Sie sind völlig unterschiedlich, aber trotzdem bewegen sie sich anmutig, in vollkommener Ruhe und Überlegenheit. Sie scheinen nicht nachzudenken, sich keine Vorwürfe zu machen und sich mit keinen Entscheidungen zu quälen. Die Mühelosigkeit, mit der sie die oft enormen Belastungen ihrer Lebensumwelt bewältigen, ist absolut erstaunlich.

Faszinierenderweise kann man dieselbe tiefe Vertrautheit auch bei Kindern beobachten, wenn sie ungestört spielen dürfen, was leider viel zu selten der Fall ist. Lern- und Förderspiele und die hemmungslose Einmischung von Erwachsenen zerstören diese instinktive Fähigkeit von Kindern in immer früherem Alter. Sobald diese Einflüsse aber einmal wegfallen, kommt ihr natürlicher Drang, zum vollkommenen Verschmelzen mit dem was sie tun, umgehend wieder zu seinem Recht.

Wo man diesen Effekt aber viel seltener erleben kann, das ist in der Arbeitswelt des Menschen. Es ist manchmal geradezu grotesk und schmerzhaft, wenn man erlebt, wie die frei fließenden Gespräche in den Pausen eines Arbeitstreffens sich umgehend in steife und kämpferische Wortmeldungen verwandeln, wenn es wieder offiziell wird. Selten entsteht der Eindruck, dass die Beteiligten mit Freude und Begeisterung bei der Sache sind. Die anstehenden Probleme werden abgehandelt und bearbeitet, aber selten werden sie wirklich gelöst in dem Sinne, dass sie als Probleme verschwinden und nur für kurze Zeit noch als zu erledigende Arbeitsschritte existieren. Es ist eine Art von verdecktem Zorn, der die Mitglieder der meisten Arbeitsgruppen erfüllt, eine schwache aber ständig spürbare Frustration und Trauer, die es verhindern, dass die Teilnehmer in einen kooperativen Zustand geraten.

Die Ergebnisse reflektieren diesen aggressiven Prozess. Sie werden selten von allen Anwesenden mitgetragen, die Teilnehmer sind danach frustriert und ausgelaugt.

Diese verdeckte Aggression existiert auch in vielen privaten Situationen zwischen Eltern und Kindern, egal ob letztere noch klein und abhängig oder schon erwachsen und völlig selbstständig sind. Sie wird spürbar im Umgang vieler Partner und Ehepaare miteinander und auch zwischen Freunden, die eigentlich kein anderes Ziel haben als eine gute Zeit miteinander zu verbringen.

Erwachsene Menschen scheinen diesem perfekten, fließenden Zustand fast völlig entfremdet zu sein. Er scheint etwas zu sein, das uns einfach nicht vergönnt ist, weit weg und nur durch Zufall manchmal zugänglich beim Anblick des Sternenhimmels, oder der untergehenden Sonne am Meer oder im Gebirge, oder vielleicht für Sekunden beim Autofahren an einem entspannten Tag mit guter Musik und offenem Fenster.

Dieser Zustand heißt Flow. Er ist ein Naturzustand unseres Bewusstseins, in dem wir uns weitgehend reibungslos im Leben bewegen. Die wesentlichen Parameter für unser Leben sind in diesem Zustand im Gleichklang, nichts bewegt sich gegenläufig, nichts blockiert uns. Wir sind im Einklang mit uns selbst und unserer Umgebung.

Flow tritt spontan ein, wenn die Voraussetzungen dafür gegeben sind. Diese Voraussetzungen zu schaffen, ist der zentrale Kern optimaler Führung, einer Art von Führung, die auf den Jahrmillionen alten evolutionären Entwicklungen des Menschen beruht. Sie kann durch kein Kunstprodukt ersetzt werden, egal wie gut es sich gerade in die modernen sozialen oder politischen Trends einfügen mag.

Ich nenne diese Art von Führung Kontinuum-basierend, weil sie auf dem menschlichen Kontinuum aufbaut, der Summe der Erwartungen unserer Art an eine für unsere Entwicklung optimale Umgebung. Sie kann gelehrt und gelernt werden, weil sie uns ja im Grunde vertraut ist.

Im Laufe dieses Buches wird klar werden, dass Führung keine spezifisch menschliche Erfindung darstellt. Wie alle anderen Lebewesen auch, haben wir im Laufe unserer Jahrmillionen langen Entwicklung ein ganz bestimmtes der verschiedenen Kooperationsprinzipien der Natur übernommen. Welche dieser sich entwickelnden Prinzipien unsere Vorfahren vor unendlich langer Zeit übernommen haben, war anfangs vielleicht nicht einmal zwingend. Durch die lange Zeit der Gewöhnung haben wir dieses Prinzip aber so sehr in unser Wesen integriert, dass wir es jetzt nicht einfach ändern könnten - auch wenn wir das wollten. Unsere Gewöhnung ist so stark, dass wir dieses Prinzip schon als Neugeborene erwarten. Wir haben diese Erwartung eingebaut, sie ist so absolut wie die Erwartung, dass es Luft zum Atmen geben wird. Wird diese Erwartung enttäuscht, dann müssten wir eigentlich sterben. Die weitaus meisten Tiere überleben eine Enttäuschung ihrer festen Erwartungen an das Leben nicht. Sie brauchen eine bestimmte Umgebung, sonst können sie nicht existieren. Diese Erwartungen können sich auf die unterschiedlichsten Parameter ihrer Umwelt beziehen. Bei den Koalas sind es die Blätter der Eukalyptuspflanze, die unbedingt notwendig sind, wenn sie überleben wollen. Das ist erstaunlich, weil diese Blätter aus verschiedenen Gründen eine denkbar ungünstige Wahl sind. Aber für die Koalas ist es die einzig denkbare Option. Sie haben keine zweite Wahl.

Auch bei uns Menschen gibt es völlig sichere Erwartungen an das Leben. Aber unsere enorme Lernfähigkeit erlaubt es uns auch dann weiterzumachen, wenn diese Erwartungen nicht erfüllt werden. Der Preis dafür ist hoch. Wir entwickeln uns dann nur bis zu einem minimalen Level, ganz so wie es manche tropischen Pflanzen tun, wenn wir sie im Blumentopf unter mitteleuropäischer Sonne halten.

Faszinierenderweise ist es aber möglich, Versäumnisse aus unserer individuellen Vergangenheit nachzuholen, sobald wir die Gelegenheit dazu erhalten. Versäumtes inneres Wachstum können wir aufholen. Die Kontinuum-basierende Führung erlaubt genau das und befreit damit vorher versteckte Wachstumsreserven.

Erstes Buch – die Grundlagen

Im ersten Teil geht es um das Verständnis der Grundlagen der Kontinuum-basierenden Führung. Es macht Sinn, diesen Teil zu lesen, auch wenn Sie als Leser vielleicht lieber sofort zu den Anwendungen springen würden. Wenn Sie die Grundlagen verstehen, dann können Sie in der Praxis kreative eigene Lösungen für aktuelle Probleme finden, die weder Sie noch ich heute vorhersehen können. Wer nur einzelne Techniken versteht, der ist auf diese Techniken beschränkt, weil ihm das Wissen über die inneren Zusammenhänge fehlt.

Außerdem werde ich auch in diesem ersten Teil schon ganz konkrete Umsetzungsschritte beschreiben, denn erst die konkrete Umsetzung macht vieles wirklich verständlich.

Es war durchgehend mein Ziel, schnell und direkt zur Sache zu kommen. Also springen wir sofort in die Frage, wie Kontinuum-basierende Führung entstand.

Formen der Zusammenarbeit

Als es im Rahmen der Milliarden Jahre langen Entwicklung der verschiedenen Formen des Lebens darum ging, die Zusammenarbeit von Einzelwesen zu organisieren, hat sich nicht eine einzige, sondern haben sich mehrere sehr unterschiedliche Formen von Kooperation entwickelt. Unsere nunmehr zwingende Organisationsform war anfangs keinesfalls die einzig mögliche. Es wäre am Anfang durchaus möglich gewesen, dass wir uns anders entwickeln, was allerdings auch eine ganz andere Kultur zur Folge gehabt hätte. Die Form der Zusammenarbeit hat prägenden Einfluss auf alle Elemente unserer Kultur. Hätten wir uns ursprünglich für eine andere Form entschieden, dann wären wir mit Sicherheit nicht die Wesen, als die wir uns heute empfinden.

Die von der Evolution hervorgebrachten Kooperationsformen wurden von den verschiedenen Spezies verschiedenartig interpretiert, angewendet und perfektioniert. Die wesentlichen Grundformen sind

1. der Schwarm,
2. die Lebensform der staatenbildenden Insekten und
3. das Rudel bzw. die Herde.

Diese drei Grundformen wurden von verschiedenen Lebewesen auf verschiedene Weise in ihr Verhalten integriert, die grundsätzlichen Merkmale haben sich aber kaum verändert.

Es ist faszinierend, wie unterschiedlich diese drei Kooperationsmodelle funktionieren. Um einen kleinen Einblick in diese Unterschiede zu geben, schildere ich im Folgenden alle drei Modelle im Überblick. Der Leser und die Leserin können sich beim Lesen schon einmal Gedanken machen, welche dieser Formen am besten auf uns Menschen zutrifft.

Der Schwarm

Im Schwarm verschwindet das einzelne Mitglied weitgehend in der Gruppe. Alle Tiere sind sowohl in ihrem Körperbau als auch in ihrem Verhalten bis auf geschlechtsspezifische Besonderheiten grundsätzlich gleich. Es gibt auch keine fix zugeordneten Rollen. Das wesentliche Ziel dieser Form der Kooperation ist es, durch die Masse der meist eng zusammenbleibenden Tiere potenzielle Angreifer zu verwirren und wenn möglich trotz deren überragender Körperkraft auszuschalten. Am Beispiel der letzten ursprünglichen Jäger unseres Planeten sehen wir, welche beeindruckende Schutzfunktion eine große Gruppe bietet, auch wenn sie zu keinen komplexen Strategien imstande ist.

Gazellen zu Fuß zu jagen ist für Menschen eigentlich unmöglich. Sie sind weit schneller als jeder Mensch. Aber sie ermüden schneller, sie können schlechter schwitzen und damit auch schlechter Hitze abbauen. Ihre große Chance besteht darin, sich als potenzielle Opfer abzuwechseln. Die Jäger ermüden, weil sie während der Jagd ständig extrem aktiv sein müssen, die Opfer dagegen wechseln sich ab. Das tun sie vielleicht nicht einmal bewusst, aber weil sie für ihre Jäger weitgehend ununterscheidbar sind, passiert das von selbst. Die Jäger kommen näher und wissen nicht, welches Tier sie vorher gejagt haben und wahrscheinlich haben sie sich nicht einmal auf ein einzelnes Tier konzentriert. Sie können nur hoffen, dass ein Tier so deutlich schwächer ist als die anderen Tiere, dass es zurückbleibt und sich dadurch vom Rest isoliert. Dadurch ist es den Jägern plötzlich möglich, sich auf dieses eine Tier zu konzentrieren. Sobald der Schutz der Gruppe nicht mehr gegeben ist, gewinnen die Jäger die Oberhand.

Sobald es gelingt, ein Tier zu isolieren, ist es praktisch verloren. Diese Tatsache machen sich afrikanische Jäger zunutze. Sie haben gelernt, einzelne Tiere zu identifizieren und nutzen dabei jede noch so kleine Spur. Sie konzentrieren sich immer auf dasselbe Einzelwesen und erschöpfen es damit so, dass der tödliche Speerwurf am Ende mehr einem Abkürzen des Sterbens gleicht, weil das erschöpfte Tier sich ohnedies nicht mehr erholen könnte. Wenn wir dieses Beispiel verallgemeinern, dann erkennen wir damit den enormen Vorteil des Schwarms. Jedes Einzelwesen wäre verloren, aber als Gruppe haben sie eine Chance zu entkommen. Für dieses Verhalten braucht der Schwarm keine hierarchische Struktur. Es genügt, wenn die Einzelwesen wissen, dass sie beisammenbleiben müssen. Niemand muss anordnen, dass alle nach rechts laufen oder fliegen sollen.

Die einzelnen Tiere sind gleich, sowohl im Körperbau als auch in ihrer Bedeutung für den Schwarm. Eine bewusste Koordination der Bewegungen ist zumindest für uns Menschen nicht erkennbar. Dennoch bewegt sich der Schwarm als Ganzes anmutig und wie von selbst.

Staatenbildende Insekten

Die staatenbildenden Insekten funktionieren völlig anders. Die einzelnen Mitglieder einer Gruppe lassen sich nach ihrem Körperbau in wenige ganz klar unterscheidbare Gruppen aufteilen. Königin, Männchen, Arbeiter und Krieger, das sind die Grundtypen, die innerhalb der Gemeinschaft hoch spezialisierte Aufgaben erledigen. Obwohl sie alle von derselben Königin und denselben Männchen abstammen, sind sie völlig unterschiedlich gebaut. Die Entscheidung, welches Wesen aus den befruchteten Eiern der Königin entstehen soll, richtet sich nach dem aktuellen Bedarf. Wie dieser erhoben und wie er danach berücksichtigt wird und auf welche Weise das einzelne sich entwickelnde Wesen „weiß", wozu es heranwachsen soll, ist völlig unklar und trotzdem oder gerade deswegen erstaunlich. Termiten bauen gigantische unterirdische Staaten mit perfekter Lüftung, mit Haustieren, die sie unter der Erde halten, mit Gärten, in denen sie Nahrung heranziehen, mit komplexen Wegsystemen in beeindruckender Symmetrie und das, obwohl die Arbeiterinnen alle blind sind. Sie scheinen nach einem nur für sie erkennbaren Plan zu arbeiten, unermüdlich und sinnvoll. Milliarden solcher Bauten überziehen den afrikanischen Kontinent. Diese beeindruckenden Gebilde sind also nicht einmal selten. Sie sind der Normalfall, der über die Jahre der Existenz dieser Wesen milliardenfach reproduziert wird. Jede einzelne Termite – und ähnliches gilt für Bienen, Ameisen und die anderen staatenbildenden Insekten – ist ein perfektes Teilchen in dieser Welt. Eine weitere Besonderheit dieser Wesen ist ihre Bereitschaft, sich im Ernstfall für ihre Gemeinschaft zu opfern. Im Interesse des Ganzen werfen sie sich in Kämpfe mit oft übermächtigen Gegnern, transportieren die Eier des Staates über weite Strecken und bauen mit ihren Leibern lebende Brücken über Gewässer, auf denen dann die anderen Mitglieder des Staates hinüberwandern. Das einzelne Wesen schont sich nicht und ist offenbar jederzeit bereit, im Interesse des Staates zu sterben, wenn es sein muss.

Rudel und Herde

Irgendwo zwischen dem Schwarm und den staatenbildenden Insekten steht das Rudel oder die Herde. Die einzelnen Wesen sind wie bei den Schwarmtieren bis auf geschlechtsspezifische Unterschiede körperlich alle gleich. In der jeweiligen Aufgabe für die Gemeinschaft gibt es aber klare Unterschiede. Diese sind aber nicht durch körperliche Differenzierungen bedingt, sondern werden sozial definiert. Sie sind also nicht schon bei der Geburt unveränderbar fixiert, sondern werden erst im Laufe des Lebens des Individuums und auch dann nicht für alle Zeiten festgelegt.

Der entscheidende Unterschied zu den anderen Kooperationsformen ist die Erfindung der Hierarchie. Während es bei den Schwarmtieren und den Insekten keine persönlichen Beziehungen zwischen den einzelnen Tieren zu geben scheint, sind diese für Rudel- und Herdentiere von größter Bedeutung. In einem Rudel existiert ein unsichtbares Netzwerk und jedes einzelne Tier besetzt einen Knotenpunkt in diesem Netz, vergleichbar den Positionen der Atome in einem Kristall, nur leichter änderbar und in jedem Rudel neu festgelegt. Diese individuelle Position ist von solcher Bedeutung für die Existenz des Rudels, dass sie ständig überprüft wird. Unklare Zwischenpositionen werden nicht geduldet und die klare Unter- und Überordnung wird so schnell wie möglich wiederhergestellt. Wenn zwei Tiere sich nicht durch rituelle Gesten oder Raufereien einigen können, dann kann es zu Kämpfen auf Leben und Tod kommen. Die Zugehörigkeit zum Rudel – also das Besetzen eines Punktes im sozialen Netzwerk – wird als so bedeutsam eingestuft, weil einzelne Tiere kaum überlebensfähig sind. Das gilt für Jäger und Gejagte gleichermaßen. Löwen brauchen ihr Rudel genauso wie Büffel ihre Herde. Allein sind beide (!) weitgehend machtlos und verletzbar.

Welche dieser Organisationsformen passt nun für uns Menschen? Die Ansicht, wir könnten das beliebig selber definieren, verkennt die Bedeutung unseres Kontinuums. Es war Jean Liedloff, die 1975 in ihrem Buch über das Kontinuum Konzept[1] darstellte, dass es auch für Menschen eine Historie der Art gibt, in der sich die Erfahrungen von Millionen Jahren widerspiegeln. Sie nannte diese Geschichte der Art Kontinuum und wies darauf hin, dass die im Kontinuum begründeten Erwartungen an das Leben nicht ohne ernste Konsequenzen vernachlässigt werden können.

Unser Hintergrund ist vergleichbar dem des Rudels.

Wir sind hierarchisch organisiert und diese Organisation ist tief in unserem Wesen verankert. Die Idee, dass wir als Menschen die genialen Erfinder des hierarchischen Systems sind, verkennt die Bedeutung unserer evolutionären Geschichte. Für viele Menschen ist es sehr schwer einzusehen, dass wir nicht so frei in unseren Entscheidungen sind, wie wir glauben, sondern eingebettet in ein Jahrmillionen altes System. Wir glauben, dass uns diese Einbettung unflexibel macht. Aber diese Gefahr droht nur bei Konzepten, die willkürlich und in Abhängigkeit von gesellschaftlichen Trends entwickelt wurden. Die Erkenntnis, dass wir auf ein Millionen Jahre altes, erfolgreiches Wissen zurückgreifen können, bedeutet dagegen wahre Freiheit.

Kontinuum und Flow

In diesem Kapitel werden zwei grundlegende Begriffe vor gestellt: Kontinuum und Flow. Der Begriff Kontinuum ist die Basis und Flow ist das zentrale Ergebnis der Kontinuum-basierenden Führung. Für beide Begriffe gibt es je eine/n herausragende/n Vertreter/in, der/die ihn eingeführt und verbreitet hat. Für den Begriff Kontinuum ist es Jean Liedloff[2], für den Begriff Flow Mihaly Csikszentmihalyi[3].

Führung und Flow hängen folgendermaßen zusammen:

1. Kontinuum-basierende Führung beruht auf den Anforderungen des Kontinuums.
2. Die Berücksichtigung der Anforderungen des Kontinuums schafft die Voraussetzungen für Flow.
3. Eine Gruppe gerät leicht in Flow (mit zunehmender Übung immer leichter), wenn die dafür notwendigen Voraussetzungen gegeben sind.

4. Im Flow verschwinden die inneren Reibungsverluste in den Individuen, die im Alltagsbewusstsein zwischen Denken, Fühlen und Handeln blockierend wirken.
5. Dadurch können die inneren Potenziale zum Ausdruck kommen (Selbstrealisation).
6. Kommt eine ganze Gruppe in Flow, dann verschwinden auch die Reibungsverluste zwischen den Individuen.
7. Dadurch wird effizientes Handeln leicht und es entsteht eine im Alltagsbewusstsein sehr seltene Kombination aus Glück und hoher Leistung.

Das Kontinuum

Jean Liedloff prägte den Begriff Kontinuum im Jahr 1975. Sie wies damit erstmals darauf hin, dass auch menschliche Kinder trotz ihrer enormen Lernfähigkeit eine bestimmte Umgebung brauchen, wenn sie sich vollständig entwickeln sollen.

Das Kontinuum ist Teil des Wesens jeder Gattung. Es wird von jedem Wesen schon bei der Geburt mit derselben selbstverständlichen Sicherheit vorausgesetzt wie jede Schildkröte der Art Caretta Caretta schon im Moment ihres Schlüpfens „weiß", dass sich vor ihr eine Fläche befinden wird, auf der sich ein überragend helles Licht abzeichnen wird.

Sie weiß vermutlich nicht, dass die Fläche das Meer ist und das Licht der sich darin spiegelnde Mond. Sie „weiß" aber, was sie sehen wird und dass sie darauf zulaufen muss als gelte es das Leben!

Dieses Wissen ist Teil ihres artspezifischen Schildkröten-Kontinuums, ein Teil ihres Millionen Jahre alten Schildkröten-Wissens. Eine andere Begrüßung auf der Welt, in die sie aus der sicheren Hülle ihres Eis schlüpfen, ist undenkbar. Die kleinen Schildkröten rechnen bei ihrer Geburt mit absoluter Sicherheit damit, dass diese Mondreflexion da sein wird und ihnen den Weg weist. Das war immer so und wird immer so sein. So ist das im Bewusstsein der Schildkröten hinterlegt.

Dieses Konzept wurde zur Basis einer weltweiten Besinnung auf das Tragen von Babys und Kleinkindern. Liedloff selber hat das Konzept umfassender gemeint und die vielfach nicht erwartungsgemäß eintretenden Folgen des Tragens darauf zurückgeführt, dass das Konzept von den Eltern nicht vollständig verstanden wurde. Es sind insbesondere Führungsfragen zwischen Eltern und Kind, die auch von den Liedloff-Anhängern häufig ignoriert werden.

Liedloff konnte das Konzept des Kontinuums nur entdecken, weil sie über zwei Jahre lang bei südamerikanischen Indianern lebte, die noch kaum Kontakt zu unserer Form von Zivilisation hatten.

Ohne diese unmittelbare Erfahrung hätte auch sie nicht gewusst, dass es zu unserer gewohnten Art des Umgangs miteinander überhaupt Alternativen gibt.

Wir neigen dazu, unsere täglichen Erfahrungen für „die Welt" zu halten. Das, was wir alle, oder zumindest die Mehrheit erleben, muss richtig sein, so scheint es uns, auch wenn wir von einem anderen Blickwinkel aus sehen könnten, dass es völlig falsch läuft. Das, was wir für wahr und richtig halten, ist letztlich das Ergebnis eines manchmal subtilen, manchmal auch gewaltsamen Abstimmungsprozesses.[4]

Wir neigen dazu, uns mit dem abzufinden, was wir vorfinden. Das ist weitab von dem, was wir entdecken können, wenn wir die Ideen der Kontinuum-basierenden Führung erproben.

Ich verwende den Begriff Kontinuum um einiges umfassender als Liedloff oder zumindest als es ihre Nachfolger tun, indem ich ihn auch auf den erwachsenen Menschen beziehe.

Das Gedeihen jedes Menschen ist in jedem Lebensalter abhängig von der Übereinstimmung seiner Umgebung mit den Anforderungen des Kontinuums.

Wenn wir uns näher mit dem Kontinuum befassen, dann stellen wir fest, dass die Umgebungsbedingungen des modernen Menschen sehr weit weg sind von dem, was wir alle von Geburt – oder der Empfängnis an – als Kontinuum erwarten. Das bedeutet, dass wir in unserer Entwicklung weitab von dem sind, was in einer günstigeren Umgebung möglich wäre.

Kontinuum-basierende Führung schafft günstigere Umgebungs bedingungen als jede andere Form von Führung und damit die

Voraussetzungen für ein wesentlich reibungsloseres Funktionieren menschlicher Gemeinschaften. Sie tut das, ohne an den Mitgliedern dieser Gemeinschaften herumzubasteln, sondern einfach indem sie einen förderlichen Rahmen bereitstellt, der die Potenziale der betroffenen Menschen unmittelbar zum Wachsen bringt.

Diese schnelle und sichere Wirkung beruht darauf, dass Verletzungen des Kontinuums, also eine Nichtbeachtung der innerlich als richtig erkannten Gruppenstruktur, immer zu enormem Stress führen. Es werden Jahrtausende oder gar Jahrmillionen alte Erwartungen enttäuscht.

Das ist keine Sache, die ein Individuum einfach wegsteckt. Es handelt sich bei jeder Enttäuschung dieser inneren Erwartungen um einen existenziellen Schock, um etwas, was einfach nicht sein kann und darum immer um traumatisierende Erlebnisse.

Wenn ein Individuum in eine Situation gerät, in der die unauslöschbaren Erwartungen des Kontinuums erfüllt werden, dann strömen die gesamten vorher blockierten persönlichen Energien in diese Situation und stehen zur Verwendung bereit. Diese Verwandlung mitzuerleben ist eine der größten Belohnungen dieser Form von Führung. Diese Verwandlung entspricht tatsächlich der Ruhe, die ein verzweifelt weinendes Kind überkommen kann, wenn es aufgehoben wird.[5]

Die Erwartungen des Kontinuums sind sehr spezifisch und lassen in vielen Fällen wenig Spielraum. Übererfüllung ist genauso am Ziel vorbei wie Untererfüllung. Dieser enge Spielraum wird oft als unwahrscheinlich empfunden. Tatsächlich gibt es aber zahlreiche Beispiele dafür, dass die menschliche Entwicklung exakt und nur mit sehr geringem Spielraum auf bestimmte Umgebungsvariablen ausgerichtet ist. Die menschliche Körpertemperatur beispielsweise bewegt sich in einem äußerst engen Bereich, außerhalb dessen sie sehr schnell tödlich wird. Unsere Körpertemperatur schwankt normalerweise nur um rund 1,4 Grad Celsius. Alles, was unter rund 35,8 Grad und über rund 37,2 Grad liegt, ist bereits ungewöhnlich und macht uns zu schaffen. Unsere Natur kennt also sehr wohl so exakte Anforderungen, innerhalb derer wir uns optimal entwickeln können. Ähnlich wie bei vielen anderen Kontinuum-Variablen überleben wir auch bei der Körpertemperatur einen größeren Spielraum bis rund 42 Grad, aber unsere Möglichkeiten sind außerhalb der sehr engen Toleranzen deutlich eingeschränkt. Wie jeder, der schon einmal hohes Fieber hatte, weiß, fühlt sich das Leben mit 42 Grad Fieber deutlich anders an als mit 36,8 Grad.

Das bedeutet, dass sich auch die grundsätzlichen Richtungen der Kontinuum-basierenden Führung übertreiben lassen. Disziplin, Respekt, Ziele, Kompetenz, all das lässt sich übertreiben. Erstaunlicherweise sind diese Übertreibungen, genauso wie ihre völlige Ignoranz, häufiger als der optimale Bereich anzutreffen und es sind in der Tat genau diese Entartungen, die man am häufigsten als Gegenargumente hört, wenn man über Kontinuum-basierende Führung spricht.

Jede Abweichung von einem als ideal empfundenen Optimum führt zu einer deutlichen Abschwächung der Kontinuum-Effekte bei den Mitgliedern der betroffenen Gruppe.

Kontinuum und Führung

Menschen sind Gruppenwesen. Sie sind lange Zeit ihrer Entwicklung völlig von der Fürsorge ihrer Gruppe abhängig. Wie eine Gruppe funktioniert, dazu gibt es in der Natur verschiedene Modelle, auf die ich in der Einleitung bereits eingegangen bin. Diese Modelle sind faszinierenderweise sehr unterschiedlich. Sie alle funktionieren hervorragend für die Lebewesen, die sich im Laufe ihrer Entwicklung dem jeweiligen Modell angeschlossen haben. Sie sind aber nicht austauschbar, weil es eine enge Anpassung der betroffenen Lebewesen an die jeweilige Art von Zusammenarbeit gibt. Sie kann nicht einfach gewechselt werden.

Menschen haben eine am Modell des Rudels orientierte Gruppenstruktur. Nur diese entspricht den Erwartungen des menschlichen Kontinuums. Diese Erwartungen besagen, dass es in jeder Gruppe eine Hierarchie gibt, nicht als theoretische Möglichkeit, sondern als überlebenswichtige Tatsache. *Es gibt auf jeden Fall eine Hierarchie mit einem Alphatier[6], denn sonst könnte ich gar nicht existieren*, so ist das in den Erwartungen jedes Menschen abgespeichert.

Wenn ein Mensch seine Umgebung betrachtet, sucht er unbewusst sofort diese hierarchische Struktur. Wenn sie vorhanden ist, ist alles in Ordnung. Dazu genügt es natürlich nicht, dass jemand sich als Chef bezeichnet. Es sind ganz spezifische Eigenschaften und Verhaltensweisen, die ein Alphatier auszeichnen. Dazu gehören die ständige Sorge um das Wohlergehen der Gruppe, Führungskompetenz, Respekt den Gruppenmitgliedern gegenüber und ein permanentes Gefühl für die Akzeptanz der Führungsrolle durch jedes einzelne Mitglied. Nur diese kennzeichnen jemanden als Alphatier. Wenn sich keines der anderen Mitglieder als ein derartiger Chef erweist, dann gibt es nur eine einzige Lösung für dieses Problem: Dann muss der Betreffende selber der/die Alpha sein. Denn, dass niemand die Gruppe führt, das ist völlig unmöglich.

Diese Erkenntnis gilt für jede menschliche Gruppe. Die meisten unserer Probleme als Chefs resultieren aus der Nichtbeachtung dieser Tatsache. Sehr viele Manager wissen das nicht und würden am liebsten gänzlich aufhören zu führen und sich auf das konzentrieren, was sie gelernt haben, also auf operative Arbeit. Führung scheint die reibungslose Abwicklung des Alltags eher zu stören als zu fördern. Sie kostet Zeit und macht Probleme, so die naive Ansicht.

Ein Teilnehmer an einem Führungsseminar äußerte einmal die Hoffnung, er könne in diesem Seminar lernen, wie man Führung am besten vermeidet. Er hoffte, es gäbe einen Weg, auf dem alles perfekt und in Ruhe läuft, ohne dass er führen müsse. Er war offenbar der Meinung, dass seine überragende fachliche Kompetenz genügen würde, alle Probleme seines Bereiches zu lösen.

Chefs verfügen häufig nicht über das Wissen und das Instrumentarium, um ihre Führungsrolle deutlich zu machen und können aus psychologisch durchaus verständlichen Gründen trotzdem nicht akzeptieren, dass dann eben ein anderes Mitglied die Familie oder die Gruppe führt. Der offizielle Führungsanspruch per Verordnung ist aber nicht genug. Führung muss die Bedürfnisse der Gruppe erfüllen, um als solche anerkannt zu werden. Hinge man einem Rudelmitglied eines Tierrudels ein Abzeichen um, änderte das nichts an seiner untergeordneten Position. In menschlichen Gemeinschaften glauben wir aber, dass das genügen müsse.

Der Großteil aller Probleme eines Teams kommt aus diesem Missverständnis. Was man üblicherweise für Fehler in der Erziehung von Kindern oder für persönliche Mängel in der Persönlichkeit von Teammitgliedern hält, sind zum überwiegenden Teil Fehler in der Struktur des Teams.

Das in allen Mitgliedern vorhandene Wissen um die Anforderungen des Kontinuums verlangt eine bestimmte Struktur und wenn diese nicht gegeben ist, dann entsteht in den Mitgliedern des Teams starker und tiefgehender Stress, der ihre innere Sicherheit in den Grundfesten erschüttert.

Die scheinbaren Mängel einzelner Teammitglieder sind in aller Regel Hinweise auf Mängel in der Führungsstruktur des Teams.

Wenn die Erwartungen des Kontinuums nicht erfüllt werden, dann ist die erlebte Welt nicht so, wie sie sein müsste, sie fühlt sich irgendwie falsch an. Da die Erwartungen des Kontinuums im Wesen des Menschen nichtsprachlich integriert sind, können die fehlenden Elemente oft nicht benannt werden. Es ist den betroffenen Menschen meistens gar nicht bewusst, dass etwas fehlt. Lassen wir uns also nicht davon täuschen, dass diese Erschütterung selten benannt werden kann. Das ist eine der Schwierigkeiten mit dem Nichterfüllen von Kontinuums-Erwartungen. Sie können sprachlich oft nicht formuliert werden.

Erlebt werden vor allem die entstehenden Gefühle von Aggression, Angst, Frustration und Unsicherheit. Die Differenz zwischen dem, wie die Welt sein sollte, und dem, wie sie ist, wird diffus erlebt und macht zornig und verzweifelt.

Die Reaktionen, die aus dieser Gefühlsmischung geboren werden, sind selten geeignet, die richtige Welt wiederherzustellen. Mitarbeiter, die schlecht oder gar nicht geführt werden, reagieren auf diese Situation regelmäßig mit Aufsässigkeit, Arroganz, Widerstand, Besserwissen, Verweigerung konstruktiver Mitarbeit und destruktiver Kritik. Sie bekämpfen also die fehlende Führung auf eine Weise, als würden sie zu eng geführt. Das führt gerade bei sehr bemühten Vorgesetzten dazu, dass sie noch zurückhaltender agieren, sich noch mehr mit ihrem Team beraten. Es ist ohne den Hintergrund der Kontinuum-basierenden Führung sehr schwer zu erkennen, was dem Team wirklich fehlt.

In Familien ohne klare und für die Kinder erkennbare Führung beginnen Kinder immer wieder fordernd und wütend zu werden. Vermehrte

Hingabe der Eltern steigert diese Wut nur weiter. Die praktischen Auswüchse kann man in Restaurants und Supermärkten beobachten, wo Eltern bemüht sind, ihren Kindern die Zeit so angenehm wie möglich zu machen und als Reaktion erstaunlichen Widerstand ernten. Wenn dann die entnervten Eltern genug haben und das Kind in Notwehr anbrüllen, beruhigen sich die Kinder auf unerwartete Weise. Diese Reaktionskette führt umgehend zu schlechtem Gewissen bei den Eltern, die sich danach auf Vergebung hoffend entschuldigen, was die verzweifelten Kinder zwangsläufig wieder in ihr altes Verhalten treibt.

Niemand will diese Situationen, alle leiden darunter, die langfristigen Ergebnisse sind verheerend. Die Beziehungen innerhalb der Familie werden schrittweise vergiftet, die Kinder verlernen ihre Fähigkeiten, sich vernünftig zu integrieren, was sie einerseits für radikale Gruppen anfällig macht und andererseits ihre Bereitschaft schwächt, in einem starken Team konstruktiv mitzuwirken.

Sowohl im Beruf als auch in der Familie kann Kontinuum-basierende Führung die Dinge ins Positive kehren. Was wie Schwächen der Team- bzw. Familienmitglieder aussah, verschwindet, sobald sich die Struktur an den Erwartungen des Kontinuums ausrichtet.

Flow

Der Begriff geht auf den in den USA lehrenden Mihaly Csikszentmihalyi zurück. Er verwendet den Begriff für einen besonderen Bewusstseinszustand, in dem Fühlen, Denken und Tun ein einheitliches Ziel verfolgen und in dem die Reibungsverluste des alltäglichen Bewusstseinszustandes verschwinden. Dieser Zustand erlaubt ein enormes Leistungsniveau und wird zugleich als Glückszustand erlebt.

Flow ist kein Zustand, der gelernt werden muss oder gelernt werden kann. Er ist ein natürlicher Zustand des Geistes, in den das Bewusstsein leicht und gerne hinüberwechselt.

Im Flow wird Leistung nicht als Zwang oder Pflicht empfunden, sondern als Selbstrealisation, als Manifestation der ansonsten nicht umgesetzten Potenziale. Und diese Selbstrealisation ist eine der stabilsten Glücksquellen, die es gibt.

- Wer das, was er/sie kann und mag, tun darf, leistet einen bedeutenden Beitrag zu einem persönlich glücklichen Leben.
- Wer das, was er/sie kann, auch noch gut macht, am besten so gut wie möglich, vervielfacht die Wirkung, weil die Selbstrealisation dann noch ausgeprägter ist.
- Und wer sich dann mit diesem Beitrag als geschätztes und wesentliches Mitglied einer Gruppe fühlen darf, der/die ist kaum noch aufzuhalten.

Mit diesen einfachen Anforderungen zur Entstehung und Vertiefung von Glück sind einige der Voraussetzungen für Flow bereits umrissen:

1. Kompetenz in dem was man tut,
2. ein Ziel, das es erlaubt, das Ergebnis dieses Tuns als wesentlich einzuordnen, weil es einen selbst und die Gruppe diesem Ziel näherbringt und

3. das Wissen, dass man als Gruppenmitglied geschätzt wird, das sind Elemente des Flow-Erlebnisses, die wir später noch genauer betrachten werden.

Flow ist ein natürlicher Zustand, viel natürlicher als unsere gewohnten Zustände, die wir Menschen seit langer Zeit als normal einstufen. Die Fähigkeit, in den Flow-Zustand zu gelangen, ist angeboren. Kinder und geübte Sportler geraten mühelos in diesen entrückten Zustand. Für sie ist er ganz normal, leicht zu erreichen und lange durchzuhalten.

Durch Fernsehen und vor allem durch die intensive Einmischung von Erwachsenen in kindliche Spielgewohnheiten[7] geht diese Fähigkeit schrittweise verloren[8] und die Kinder werden generell gereizt und aggressiv. Erneut sehen wir die furchtbaren Auswirkungen, wenn die spezifischen Kontinuums-Erwartungen von Menschen enttäuscht werden.

Flow ist so natürlich und ein so erwünschter Zustand, dass es nur die richtigen Voraussetzungen braucht und die Menschen fließen von selbst hinein. Flow selbst kann nicht erzeugt und nicht erzwungen werden. Das widerspräche dem Flow-Erleben völlig. Wegen der hohen Neigung zu Flow sind aber derartige Überlegungen auch gar nicht notwendig.

Flow und Führung

Eine der grundsätzlichen Meta-Voraussetzungen für Flow ist Kontinuum-basierende Führung, weil sie die notwendigen Voraussetzungen für Flow herstellt. Führung stellt also nicht direkt Flow her, sondern schafft die Voraussetzungen dafür. In einer Kontinuum-basierend geführten Gruppe entsteht Flow automatisch und leicht.

Zu bedenken ist dabei, dass das keineswegs für jede beliebige Art von Führung gilt. Flow braucht ein bestimmtes Klima, um entstehen zu können. In der Praxis erlebt man das manchmal wie eine chemische Reaktion. Wenn alle Ingredienzien in der richtigen Kombination beisammen sind, dann geht der Prozess sofort los.

Kontinuum-basierende Führung beruhigt die Mitglieder der Gruppe auf einer tiefen inneren Ebene. Sie erzeugt Sicherheit und Zugehörigkeit in Kombination mit einem intensiven Bedürfnis, etwas beizutragen und sich damit zu verwirklichen. Wenn wir weiter unten zur Praxis der Kontinuum-basierenden Führung kommen, werden wir diese Elemente detailliert besprechen.

Die wichtigsten Ergebnisse von Flow gehen auf das Wegfallen innerer Reibung innerhalb der einzelnen Personen und auf das Wegfallen äußerer Reibung zwischen den Teammitgliedern zurück.

Im Flow-Zustand werden innerhalb unseres Bewusstseins Denken, Fühlen, Wollen und Tun synchronisiert. Es ist, als fände das Wesen des Menschen die genaue innere Eigenfrequenz, in der sich die zur Verfügung stehende Energie aufschaukelt und erstaunliche Höhen erreichen kann. Die im Alltagsbewusstsein ständig vorhandenen Zweifel und Ängste sind nicht präsent und bremsen die Energie daher auch nicht.

Dasselbe ereignet sich, wenn eine Gruppe gemeinsam in Flow gerät. Die Bemühungen der einzelnen Teilnehmer werden abgestimmt und die egozentrischen Bestrebungen der einzelnen Personen werden im Flow dem Gemeinschaftsstreben untergeordnet. Es entfallen die aufreibenden Diskussionen, bei denen es wenig um die Sache und viel um Positionen und Vorteile für den Einzelnen geht.

Menschen verwirklichen im Flow weit mehr von ihren Potenzialen als im Alltagsbewusstsein. Und dieses Verwirklichen dessen, wozu man imstande ist, das Spüren dieser inneren Kraft, erzeugt Glück. Dieser Satz ist keine Kleinigkeit. Glück ist das ultimative Ziel, auch wenn Reichtum, Einfluss, Bedeutung, Beziehungen, Karriere, Titel etc. im Vordergrund stehen mögen. Letztlich sollen alle diese Schritte dieses Ziel herbeiführen: glücklich zu sein, morgens mit Begeisterung aufzustehen, sich verwirklichen zu können.

Wenn wir das nochmals kurz zusammenfassen, dann erkennen wir die folgenden Zusammenhänge:

- Kontinuum ist eine angeborene Erwartungshaltung an die perfekte Umgebung.
- Wird diese Erwartungshaltung enttäuscht, dann ist das ein existenzieller Schock für jeden Menschen. Diese Enttäuschung ist in unserer Kultur aber so normal geworden, dass wir gar nicht mehr wissen, dass das nicht korrekt ist.
- Wird die Erwartungshaltung erfüllt, dann kommt die be treffende Person oder Gruppe sehr leicht in Flow.
- Im Flow verschwinden die innere Reibung im Bewusstsein und die äußere Reibung zwischen den Personen. Es geht keine Energie mehr verloren.
- Im Flow sind Glück und die Verwirklichung der eigenen Potenziale keine Gegensätze.

In den folgenden Kapiteln werden wir diese Ideen schrittweise näher und detaillierter besprechen und mit ersten praktischen Umsetzungsschritten verbinden.

Ziele und Aufgaben von Führung

Jede funktionierende Führung, die diese Bezeichnung verdient, ist auf Menschen bezogen. Man führt keine Armee, man führt kein Unternehmen, denn das sind lediglich Sammelbezeichnungen für Menschengruppen. Wenn man aber nur am Sandkasten sitzt oder hinter dem Schreibtisch, dann kann das in Vergessenheit geraten. Und prompt glaubt man, man führe ein eigenständiges Gebilde, das unabhängig von den als austauschbar angesehenen Menschen existiert.

Verbunden sind diese Menschen durch ein oder mehrere gemeinsame Ziele. Diese gemeinsamen Ziele sind der zentrale Kern der Führung. Ziele sind der verbindende Faktor, der Leim der Zusammenarbeit. Aber die konkreten Führungsaktionen müssen sich immer auf die Menschen beziehen, die sich zur Erreichung dieser Ziele verbunden haben.

Man führt keine Kästchen

Eigentlich sollten wir alle unter Führung so halbwegs dasselbe verstehen. Es gibt wohl kaum jemanden, der noch nie mit Führung zu tun hatte und speziell im Management ist eine grundsätzliche Übereinstimmung zu diesem Begriff zu erwarten.

Und dennoch tut sich in Gesprächen immer wieder eine enorme Kluft auf. In ihrem Selbstverständnis führen Manager Abteilungen, Bereiche, Gesellschaften, Geschäfte oder Projekte. In ihren Berufsbezeichnungen steht ja auch wörtlich: Abteilungsleiter, Bereichsleiter, Geschäftsführer, Projektleiter.

Tatsächlich ist Führung aber immer und ausschließlich die Führung von Menschen, auch wenn dieser Auffassung gelegentlich ernstlich und mit Vehemenz widersprochen wird. Viele Manager führen ihre Bereiche wie ein Schiffs- oder Zugführer, der ja tatsächlich das Schiff beziehungsweise den Zug steuert. Die Mannschaft ist für solche Manager nur ein leider notwendiges Bindeglied zwischen dieser Art von Führer und dem, worum es ihm eigentlich geht, dem Schiff oder Zug oder – im Business – dem Unternehmen.

Diese Auffassung ist der schleichende Tod jedes Unternehmens, ja jeder Kultur. Wenn die Organisationen und ihre Ziele Vorrang vor den Menschen bekommen, dann hat sich etwas verselbstständigt, was ohne Menschen gar nicht existieren würde und was ursprünglich zum Wohle dieser Menschen gegründet worden war. Führung ist immer Verantwortung Menschen gegenüber, seien sie Mitarbeiter oder Kunden oder Gesellschafter.

Diese Einstellung ist die wesentliche Voraussetzung für nachhaltigen Erfolg. Es sind die Menschen, die den Unterschied machen, ausschließlich sie. Der Unterschied ist nicht das Kapital, denn Geld ist immer dasselbe. Es sind die Menschen, die das Kapital investieren und verwalten. Es sind nicht Ideen, sondern die Menschen, die sie haben. Erfolg ist eine Folge von Kreativität und Begeisterung, von Loyalität, Anstand, Respekt, Disziplin und Kompetenz.

Weil Manager sich mangels entsprechender Ausbildung nicht besonders gut auf Menschen verstehen, sitzen sie lieber an ihren Schreibtischen und brüten über Statistiken und Berichten und befassen sich mit Problemen, deren tägliche Flut nie zu einem Ende zu kommen scheint.

Dadurch entkommen sie aber dem Menschlichen nicht, denn ein großer Teil dieser Probleme hat mit Menschen zu tun. Kunden sind unzufrieden, wollen Preisnachlässe, bemängeln die Lieferzeiten und ähnliches.

In gleicher Weise werden auch Mitarbeiter vor allem als Störfaktor und als Quelle ständiger Schwierigkeiten wahrgenommen. Diese Sichtweise sieht dann ungefähr so aus:

- Mitarbeiter werden unerwartet genau dann krank, wenn man das am Wenigsten brauchen kann (als gäbe es einen einzigen Tag im Jahr, an dem das wirklich brauchbar wäre),
- sie sind generell unzuverlässig (verglichen mit einer Maschine, für die es wenigsten ein paar Jahre lang Garantie gibt),
- sie haben wieder einmal irgendwo Mist gebaut (was ja – nach dieser Sichtweise – ehrlich gesagt zu erwarten war),
- sie wollen zu Kindergeburtstagen pünktlich nach Hause (als ob ihr Vorgesetzter das in den letzten Jahren auch nur einmal geschafft hätte)
- und so weiter in einer endlosen Folge an Dingen, die dem Chef Kopfzerbrechen machen.

Kontakte zwischen Chef und Mitarbeitern finden viel zu oft ausschließlich problem- und arbeitsorientiert statt. Man spricht nicht miteinander, wenn es nichts zu regeln gibt. Was sollte man ohne Probleme auch besprechen? Die bloße Idee, man könnte miteinander sprechen, wenn nichts Dringendes oder Wichtiges anliegt, klingt schon nach vertaner Zeit, von der man ohnedies viel zu wenig hat.

Die Arbeit des typischen Managers setzt sich demzufolge aus zwei Elementen zusammen:

1. Zum einen hat er jede Menge eigene fachliche Arbeit direkt zu erledigen. Da er/sie wegen fachlicher Leistungen und hoher Einsatzbereitschaft befördert worden war, fühlt er/sie sich verpflichtet, diese beiden Elemente weiter zu pflegen. Keine eigene fachliche Leistung zu erbringen, kommt da nicht in Frage. Außerdem ist das fachliche Arbeiten auch das, wo er/sie sich zuhause fühlt. Das ist das, was man gelernt/studiert hat und wo man sich auskennt, da hält man sich auch gerne auf. Diese eigenen Arbeiten füllen gut und gerne einen ganzen Arbeitstag.

2. Zum anderen kommen dann die Probleme der Mitarbeiter dazu, die sie eigentlich erledigen sollten, aber dazu nicht willens oder nicht imstande sind. Es ist im vorherrschenden Führungsverständnis die Pflicht jedes Vorgesetzten, diese Mängel auszugleichen. Chefs übernehmen also das zusätzlich zu ihren eigenen Aufgaben, was die Mitarbeiter nicht erledigen wollen oder können.

Von Führung ist da nach 10 Stunden Arbeitszeit noch keine Rede gewesen. Was sollte das auch sein?

- Händchenhalten, wenn jemand in einer Sache nicht weiter weiß?
- Gutes Zureden, wenn jemand in einer Sache nicht mehr weiter will?
- Ausbilden, wenn jemand in einer Sache nicht mehr weiter kann?
- Miteinander einfach nur reden, sich nach dem werten Befinden erkundigen?

Da scheint es einfacher zu sein, der Vorgesetzte übernimmt möglichst viele Aufgaben persönlich. Der Nachteil ist zweifellos, dass er dadurch noch einige Stunden mehr investieren muss. Die kurzfristig gesehenen Vorteile scheinen aber bei Weitem zu überwiegen. Und so übernimmt der Chef persönlich aufwändige Berichtsarbeiten, telefoniert persönlich mit aufgebrachten Kunden, organisiert persönlich Rettungsaktionen verpfuschter Projekte, und übernimmt jede Menge Arbeiten, die eigentlich vom Team erledigt werden sollten.

Auf diese Weise lesen und korrigieren die Leiter von Rechtsabteilungen Verträge, falls sie diese nicht gleich selber entwerfen. Vertriebsleiter werfen sich in die Verhandlungsschlacht, wenn es um die Verlängerung von Lieferverträgen geht, entscheiden über Vertragsklauseln bzw. verhandeln persönlich mit dem Leiter der Rechtsabteilung darüber. Steuerberater führen jede Bilanzbesprechung persönlich durch. Filialleiter von Handelsketten kontrollieren die Ausrichtung der Gemüsekisten, die vorher schon vom Leiter der Gemüseabteilung kontrolliert worden waren, was den Gebietsleiter nicht davon abhält, diese Kontrolle zu wiederholen, weil der Geschäftsführer von hunderten und manchmal tausenden Filialen sich traditionell bei seinen Überraschungsbesuchen ebenfalls genau um die Ausrichtung der Gemüsekisten kümmert.

Es ist offensichtlich, dass die hier geschilderte Praxis einen sanften Hauch von Verrücktheit hat. Aber ein Ausweg ist im herrschenden Paradigma nicht in Sicht. Also geht alles weiter seinen Gang.

Und solange das Kontrollieren der Gemüsekisten genug Profit abwirft, wird das auch so bleiben.

Erst wenn dann die Krise kommt, erinnern sich die Chefs an die Mitarbeiter. Plötzlich wird der Mensch entdeckt. Gemeinsamkeiten werden beschworen, das gemeinsame Boot ist eine beliebte Metapher, der Karren, der vom Management in den Graben gefahren worden war, soll gemeinsam wieder flott gemacht werden. Belohnungen gibt es dafür keine, das gemeinsame Tun muss Lohn genug sein.

Führung ist immer menschenbezogen.

Führung ist nie Gemüsekisten-bezogen, auch nicht auf den Umsatz oder die Kosten bezogen. Führung ist immer menschenbezogen. Nur Menschen machen einen Unterschied.

Das ist kein Gegensatz dazu, dass Führung zielorientiert ist. Selbstverständlich kann es eines der Ziele von Führung sein, dass letzten Endes die Gemüsekisten sorgsam ausgerichtet sind, wenn diese Ordnung zu den Werten und Prinzipien des Geschäftsmodells gehört.

Aber gute Führung setzt nicht an den Kisten an. Nur Menschen können dafür sorgen, dass die Gemüsekisten so stehen, wie es der Sache am besten dient. Daher setzt Führung immer an den Menschen an.

Manager, die hinter ihren Schreibtischen sitzen oder an Gemüsekisten herumrücken, führen nicht. Was wir im Management als tägliche Praxis erleben, ist daher gar keine Führung.

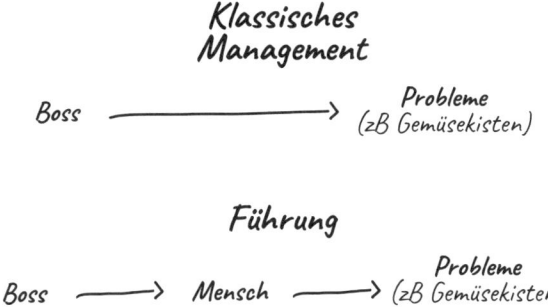

Damit ist der Unterschied zwischen Management und Führung offensichtlich. Manager kümmern sich direkt um die zu lösenden Angelegenheiten, Führungspersönlichkeiten kümmern sich um Menschen, damit diese imstande sind, die zu lösenden Angelegenheiten zu übernehmen.

Klassisches Management ist additiv

Der Manager fügt seine Leistung der Leistung des Teams hinzu. Weil er Chef ist, will er mehr beitragen als die einzelnen Teammitglieder. In der nächsten Tabelle habe ich angenommen, er verlangt von sich selbst um 50 % mehr als von einem normalen Teammitglied. Nach meiner Erfahrung mit tausenden Führungskräften ist das auf die Arbeitszeit bezogen keine schlechte Annahme. 60 Stunden sind der durchschnittliche Normalfall, von dem eine ebenso durchschnittliche Führungskraft annimmt, wöchentlich arbeiten zu müssen:

Ausgangsteam	+ Chefbeitrag	= Ergebnis		Rentabilität
10 Mitglieder	+ 1,5	11,5	Leistung	+ 15,00 %
100 Mitglieder	+ 1,5	101,5	Leistung	+ 1,50 %
1.000 Mitglieder	+ 1,5	1.001,5	Leistung	+ 0,15 %

Man sieht unmittelbar, dass die Rentabilität dieser Technik mit steigender Teamgröße rapid abnimmt. Der Chef wird immer unwichtiger, sein Beitrag wird immer geringer.

Dazu kommt noch, dass der additive Chef sich regelmäßig als Engpass erweist. Alles geht über seinen Tisch, er traut niemandem und ist überzeugt, alles besser zu wissen und zu können. Es handelt sich dabei um sehr tiefgehende Überzeugungen, die letztlich aus Angst und innerer Unsicherheit kommen.

Natürlich gibt es Chefagenden, Angelegenheiten, die er/sie persönlich zu erledigen hat. Es sind aber regelmäßig genau diese Tätigkeiten, die beim additiven Manager zu kurz kommen. Für diese wichtigen und noch (!) nicht dringenden Aktivitäten bleibt im Tagesgeschäft einfach keine Zeit.

Es ist die Balance zwischen den nicht-delegierbaren und den delegierbaren Tätigkeiten, die von jedem Führenden neu gefunden werden muss. Es kann eine Viertelstunde, eine halbe Stunde, eine Stunde oder es können mehrere Stunden am Tag sein, die man mit Führung verbringt. Es wird auch nicht jeden Tag gleich sein. Sicher ist nur, dass Führung nicht von selbst passiert, sondern geplant und umgesetzt werden muss, wie jede andere Tätigkeit auch.

Wenn sich in einem typischen Arbeitstag keine einzige Minute findet, die man dafür „opfern" könnte, dann zeigt das zweierlei:

- Führung wird nicht als das wesentlichste Erfolgselement erkannt. Man quetscht sie irgendwie zwischen die als wirklich wichtig eingeschätzten Aktivitäten des Tages. Dadurch findet Führung in Wahrheit gar nicht statt, denn die Mitarbeiterkontakte sind rein problembezogen (siehe dazu weiter unten genauer).
- Durch das Fehlen von Führung muss der Chef/die Chefin viel zu viel selber tun. Er/sie bewegt sich in einem wahren Teufelskreis. Durch mangelhafte Führung bleibt ein immer größerer Teil der Arbeit an ihm/ihr hängen. Dass dadurch immer weniger Zeit für die Mitarbeiter übrig bleibt, ist offensichtlich. Motivation, Loyalität, Respekt, Disziplin und sogar Kompetenz der Mitarbeiter sinken beständig, die Führung greift immer tiefer ins Tagesgeschäft ein, das Chaos ist perfekt.

Ohne radikale Neubesinnung ist ein Ende nicht in Sicht. Nur durch eine radikale Neubetrachtung kann diese abwärts gerichtete Spirale korrigiert werden.

Mehr vom Gleichen, also noch mehr arbeiten, wird zwar immer wieder als Lösungsansatz versucht, das verschlimmert aber das Problem nur, anstatt es zu lösen. Jede zusätzlich vom Vorgesetzten gearbeitete Stunde entmündigt die Mitarbeiter mehr, jeder zusätzliche Teller, den die Mama abwäscht, entfremdet die Kinder der Familie ein weiteres Stück.

Das ist die wirkliche Tragik dieser scheinbaren Führung. Niemand gewinnt, alle verlieren. Die Chefs verlieren ihre Lebenszeit, die Mitarbeiter ihre Kompetenz und alle zusammen verlieren ihre Arbeitsfreude. Die Lust an der Manifestation der eigenen Fähigkeiten und die Lebensfreude, die daraus entsteht, dass man zu einer Gemeinschaft gehört und einen wesentlichen Beitrag zu einer gemeinsamen Sache leisten kann, gehen schrittweise verloren.

Wirkliche Führung ist multiplikativ

Völlig anders ist es, wenn der Chef/die Chefin die Mitglieder des Teams führt, statt sich direkt um die Probleme zu kümmern. Multiplikative Führung setzt an den Menschen an und ermöglicht ihnen, ihre eigene Leistung zu steigern. Wir nehmen in der nächsten Tabelle denselben Prozentsatz an wie oben, 50 %. Diese werden jetzt aber nicht vom Chef beigetragen, sondern er versetzt sein Team in die Lage, diese erhöhte Leistung zu bringen:

Ausgangsteam	*Chefbeitrag	= Ergebnis	Rentabilität
10 Mitglieder	* 1,5	15 Leistung	+ 50 %
100 Mitglieder	* 1,5	150 Leistung	+ 50 %
1.000 Mitglieder	* 1,5	1.500 Leistung	+ 50 %

Solche Chefs, die sich um die Performance der Teammitglieder kümmern, bleiben immer gleich wirksam, was in absoluten Zahlen zu einer drastisch steigenden Führungsleistung führt.

Der multiplikative Vorgesetzte macht aus 10 Leuten 15 (statt 11,5) und aus 1.000 Leuten 1.500 (statt 1.001,5). Die absolute Zahl steigt also permanent und der Rentabilitätsprozentsatz in der letzten Spalte bleibt auch bei zunehmender Teamgröße immer gleich.

Dabei handelt es sich um eine immer stärkere Involvierung der Mitarbeiter, deren Kompetenzen permanent wachsen und deren innere Reibungsverluste immer geringer werden.

Das ist eine der erstaunlichsten Konsequenzen von Kontinuumbasierender Führung:

Kontinuum-basierende Führung erlaubt dem Einzelnen und der Gruppe als Ganzes eine enorme Leistungssteigerung, ohne die normalerweise damit verbundene Ausbeutung menschlicher Ressourcen.

Die Leistung basiert auf Selbstrealisation und verbraucht daher keine Substanz, sondern baut sie im Gegenteil auf. Statt der normalerweise am Abend eintretenden Erschöpfung gibt es die nach jeder Anstrengung eintretende natürliche Müdigkeit, statt dem Wunsch nach einem Ende des Ganzen das schlichte Bedürfnis nach Erholung, statt Frustration die Freude auf den nächsten Tag.

Herausragende Führungspersönlichkeiten wenden sich daher immer den Menschen zu. Das ist eine schlichte Effizienzfrage, deren Lösung sich unmittelbar aus dem Vergleich der beiden obigen Tabellen ergibt.

Führungspersönlichkeiten kümmern sich nicht direkt um die anliegenden Probleme. Sie sorgen dafür, dass die Menschen um sie herum immer fähiger werden, die Probleme selbst zu lösen. Dadurch haben solche Führungspersönlichkeiten genügend Zeit, sich um ihre nicht-delegierbaren Aufgaben zu kümmern.

Führungskommunikation statt Problemkommunikation

Problemkommunikation ist man im Business so gewohnt, dass man sie gar nicht mehr als Sonderfall wahrnimmt. Sie ist so sehr Alltag in den Büros und Sitzungszimmern, dass man sie für unvermeidbar und unersetzlich hält. Letztlich führt das dazu, dass sich weder die Vorgesetzten noch die Mitarbeiter eine andere Form der Kommunikation mehr vorstellen können. Auch wenn Chefs die Politik der offenen Tür praktizieren und damit ihre jederzeitige Ansprechbarkeit demonstrieren, sind die tatsächlich stattfindenden Gespräche meist ausschließlich problembezogen. Welcher Mitarbeiter würde es schon wagen, den Chef einfach nur so zu belästigen?

Am einfachsten erhält ein Mitarbeiter die Aufmerksamkeit des Chefs/der Chefin, wenn er ein Problem mitbringt. Je größer das Problem, desto konzentrierter die Aufmerksamkeit.

Das hat auf mittlere Sicht zerstörerische Auswirkungen. Zum einen geht der normale Zusammenhalt innerhalb der Gruppe verloren. Das ganz normale Miteinanderreden ohne den Hintergrund einer Krise ist unersetzlich. Nur dadurch spüren Menschen sich gegenseitig, nur dadurch gewinnen sie ein Gefühl füreinander, nur dadurch entsteht eine stabile Trägerfrequenz.

Die Trägerfrequenz ist ein Begriff aus der Nachrichtentechnik. Ich möchte das an einem Beispiel erläutern, an einem Modem.

Um eine Nachricht über eine Stromleitung zu übertragen, wird auf eine stabile Grundfrequenz (= die Trägerfrequenz) die Nachricht darübergelegt. Auf der Empfängerseite wird dann das ankommende Signal wieder zerlegt in *die Trägerfrequenz (sie enthält keine Nachricht) und in die eigentliche Nachricht. Das Darüberlegen heißt technisch „**Mo**dulation", das später beim Empfänger erfolgende Auseinanderklauben heißt „**Dem**odulation". Die Geräte, die das erledigen, heißen darum Modem.*

Nehmen wir an, zu einem bestimmten Zeitpunkt während einer Nachrichtenübertragung hätte die Trägerfrequenz den Wert 4 und die Nachricht hätte den Wert 7. Übertragen wird daher der Wert 11. Das ist der Wert, der beim Empfänger ankommt. Für den Empfänger ist das zunächst nicht mehr als ein inhaltsloses Rauschen. Erst wenn er die Trägerfrequenz abzieht, erhält er die eigentliche Nachricht. 11 − 4 = 7. Dieses simple Prinzip erfordert, dass der Empfänger die Trägerfrequenz kennt, denn wenn er z. B. 5 abzieht, weil er sich bezüglich der Trägerfrequenz nicht sicher ist, dann erhält er ja die Information 6, was ganz und gar nicht dem entspricht, was der Sender eigentlich mitteilen wollte.

Wenn wir mit einem Mitarbeiter oder einem unserer Kinder über ein Problem sprechen, dann kommt während des Hin und Her des Gespräches jeweils die Gesamtinformation beim Empfänger an. Empfänger sind im Laufe des Gesprächs einmal wir und einmal unser Gesprächspartner. Beide Seiten können das, was wirklich gesagt wird, nur dann korrekt entschlüsseln, wenn sie die Trägerfrequenz kennen.

Wenn also ein Mitarbeiter zu uns kommt und bei einem Problem nicht weiterkann, dann wissen wir nicht, ob er

- einfach nur rückdelegieren will, weil er nicht bereit ist, sich wirklich in die Aufgabe zu versenken oder
- ob er zu wenig Selbstvertrauen hat und darum Mut braucht oder
- ob es vielleicht sogar nur um eine Bestätigung bezüglich des eingeschlagenen Weges geht.

Das sind nur drei aus unendlich vielen Möglichkeiten, die bei einer schlichten Frage eines Mitarbeiters denkbar sind.

Ohne klare Trägerfrequenz ist es nicht möglich, das auseinanderzuhalten. Wir brauchen ein Gefühl für den Menschen, mit dem wir zu tun haben, damit es uns leichter fällt, seine Botschaften zu verstehen.

Dasselbe gilt natürlich umgekehrt. Wenn der Mitarbeiter nicht weiß, wie der Chef denkt und tickt, dann wird er bei jeder Rückfrage unsicher sein, wie sie zu verstehen ist und was eigentlich gemeint ist. Er wird vorsichtig agieren, um keine Fehler zu machen und wird Ängste und potenzielle kommende Schwierigkeiten eher verschweigen.

Kontinuum-basierende Führung erfordert daher die Pflege des Zusammenhalts der Gruppe gerade dann, wenn gerade kein Problem anliegt. Nur unter diesen Umständen kann der Alltag stressfrei besprochen und das Verhältnis untereinander gefestigt werden.

Am besten ist es, wenn man Erfolge benutzt, um ins Gespräch zu kommen. Dann sind alle Beteiligten am ehesten entspannt. Dann ist es einfacher, darüber zu reden, wie man sich die Zusammenarbeit vorstellt und was einem als Chef wichtig ist. Es kann ein wirkliches Gespräch entstehen, in dem alle zu Wort kommen (*„ Wie sehen Sie das? "*). Die Gesprächspartner können sich dabei zwanglos kennenlernen und ein Gefühl für die gegenseitigen Stärken und Schwächen entwickeln. Später dann im Ernstfall greift unser inneres Interpretationssystem auf diese Informationen zurück und braucht sie nur noch bestätigen oder anpassen. Ein Mitarbeiter weiß dann beispielsweise viel genauer, in welchem Fall er mit einer Frage kommen darf, soll oder sogar muss.

Die Erarbeitung einer stabilen Trägerfrequenz ist somit einer der ersten Schritte der Kontinuum-basierenden Führung.

Als Führungskraft kann man sich dabei an guten Handwerkern ein Beispiel nehmen, die einen jungen Mitarbeiter anfangs mithelfen lassen und ihm erklären, warum sie etwas auf eine bestimmte Weise tun. Das Ziel muss sein, den Mitarbeiter selbstständig werden zu lassen. Er muss früher oder später in der Lage sein, ohne Chef zu agieren. Dazu muss er aber nicht nur fachlich kompetent sein, sondern er muss die Werte und die Erfolgsprinzipien kennen. Nur dann kann er in Grenzfällen so entscheiden, dass sich die Führung auf ihn verlassen kann.

Ein Mitarbeiter in der Kundenbetreuung muss fachlich qualifiziert sein, sonst kann er/sie die hereinkommenden Probleme nicht lösen. Aber er/sie muss auch wissen, wie das Unternehmen mit Problemen umgeht, wie wichtig die Kundenbetreuung ist, welcher Wert einer schnellen Lösung zukommt, welchen Respekt das Unternehmen den Kunden entgegenbringt, wie das Unternehmen mit Sorgen und Anliegen umgeht. Alle diese Dinge sind nichts, was man aus einem Buch oder in der Schule lernen kann. Es sind die wesentlichen Unterschiede zwischen Unternehmen.

Es ist eine gute Idee, mit dem Team regelmäßig Fälle aus der täglichen Praxis durchzusprechen. Werte lassen sich zwar ganz gut beschreiben, aber erst in der Anwendung am konkreten Beispiel bekommen sie wirkliches Leben eingehaucht. Nutzen Sie die alltäglichen Ereignisse, Erfolge und Probleme, um mit Ihrem Team darüber zu reden, welches Handeln sie für richtig halten. Auch die Wochenbesprechung, auf die ich im zweiten Teil zurückkommen werde, eignet sich hervorragend zur Vermittlung von Werten und dem Aufbau einer stabilen Beziehung zwischen Chef und Team und den Teammitgliedern untereinander.

Selbstrealisation versus Druck

„Es ist immer effektiver, das Vertrauen eines Pferdes zu gewinnen als mit Schmerz zu arbeiten." Dieser Satz stammt vom weltberühmten Pferdeflüsterer Monty Roberts. Ich verwende ihn zum einen, weil er sich auf ein Rudelwesen bezieht, auf Pferde, und zum anderen, weil er zeigt, dass die Grundprinzipien guter Führung universell sind. Und drittens finde ich den Satz gut, weil ich denke, dass wir alle zumindest im Kopf darin übereinstimmen, dass ein Mensch wohl kaum unverständiger als ein Pferd sein wird. Für uns muss der Satz also heißen:

Es ist immer effektiver, das Vertrauen eines Menschen zu gewinnen, als mit Druck und Zwang zu arbeiten.

Dass wir überhaupt einen Grund haben, so einen einfachen Satz hier zu verwenden, ist ein Hinweis auf die erschreckende Entfremdung des modernen Menschen vom Menschlichen. Für Alphatiere in der Natur wäre so eine Feststellung eine Trivialität, für uns Menschen ist der Satz Anlass zu Diskussionen. Der Grund liegt in der Nichtbeachtung des Kontinuums von klein auf. Wir sind uns selbst entfremdet, kennen uns nicht. Wir wissen gar nicht, wer wir wirklich sind oder sein möchten und wir haben auch keine Ahnung vom enormen Potenzial, das in uns als Gattung angelegt ist.

Die gute Nachricht ist diese: Unsere schmerzhafte Fähigkeit, Verletzungen unseres Kontinuums durch unsere exzeptionelle Lernfähigkeit zu überleben, versetzt uns auch in die Lage, uns wieder zu heilen oder heilen zu lassen. Zwar ist Verlernen oft schwerer als Lernen, aber es ist möglich und passiert tagtäglich.

Kontinuum-basierende Führung hat dieses enorme Potenzial, die inneren Verletzungen von Menschen zu heilen. Wir müssen heute als Führungskräfte davon ausgehen, dass keiner unserer Mitarbeiter frei von solchen Verletzungen des Kontinuums ist. Sie belasten den Einzelnen in einem erschreckenden Ausmaß.

Was wir im Rahmen der Kontinuum-basierenden Führung daher zu tun haben, ist zuallererst einmal das Schaffen der Voraussetzungen, dass unsere Teams in das Kontinuum zurückfinden können. Es geht bei Kontinuum-basierender Führung nie darum, Druck auszuüben. Wer gäbe uns dazu die Berechtigung? Nur weil unsere Kultur es uns erlaubt, ist es noch lange nicht richtig, andere Menschen zu etwas zu zwingen, was sie nicht wollen, nur damit wir erfolgreich sind oder weil es uns jemand anderer befohlen hat.

Studenten kürzen in Fallstudien problemlos die Personalkosten, um die Ergebnisse zu verbessern. Sie begreifen nicht, dass sie damit ja sich selbst aus dem Spiel werfen. Sie denken sich „wir sind ja die, die die Kürzungen durchführen und nicht die, die gekürzt werden", und das noch bevor sie ihren ersten Job haben!

Dieselbe Blindheit findet sich oft auch im Management. Solange man nicht selber an der Reihe ist, scheint alles in bester Ordnung. Das ändert sich drastisch, wenn man im Fokus anderer Kürzer steht.

Aber es ist nicht nur eine spirituelle Frage, ob wir Druck ausüben sollen. Wie immer ist die spirituelle Antwort aber zugleich auch die effektivste. Druck schafft nur eine einzige Konsequenz: Gegendruck!

Er ist unproduktiv, entfremdet die Menschen noch weiter von sich selbst und vertieft alle Probleme. Natürlich kann man kurzfristig mit Druck etwas bewegen, aber im Kern ändert sich nichts.

Viel produktiver ist es, auf die enorme Anziehungskraft der Selbsrealisation zu vertrauen. Menschen wollen sich verwirklichen, wollen ihre Fähigkeiten erleben und sie wollen dazugehören, sie wollen etwas beitragen.

Simpler Druck und die Aufforderung zur Selbsrealisation sind nicht immer leicht auseinanderzuhalten.

Ein mir bekannter Manager fragt seine Mitarbeiter regelmäßig, wenn sie ihm eine fertige Arbeit bringen: „Ist das das Beste, wozu Sie imstande sind?" Speziell anfangs, wenn sie auf diese Reaktion nicht gefasst sind, ziehen diese ihre angeblich fertige Arbeit wieder zurück und murmeln etwas von: „Nun ja, da fällt mir gerade etwas ein, vielleicht sollte ich mir das nochmals ansehen, etc. "

Das kann man als Druck auf die Mitarbeiter interpretieren. Für den Chef mit seiner Erfahrung wäre es doch ein Leichtes, einen schnellen Blick auf die Arbeit zu werfen und mit seiner Erfahrung die Schwachstellen zu finden und die Arbeit dann mit entsprechenden Anmerkungen zur gezielten Überarbeitung zurückzugeben.

Aus der Sicht vieler Chefs ist das der übliche Weg. Er wirkt effizient und zeitökonomisch und der Mitarbeiter sieht schnell, was er/sie falsch gemacht hat. In Wahrheit handelt sich dabei aber schon wieder um eine der vielen Variationen additiver Führung. Der Chef löst das Problem und der Mitarbeiter kommt sich klein und unfähig vor. Anfangs mag ihn das stören aber mit der Zeit begreift er die Vorteile dieses Ablaufs. Er braucht sich nicht mehr anzustrengen, denn der Vorgesetzte erledigt das ohnedies mit Leichtigkeit. Beide verlieren; der Chef Arbeits- und Lebenszeit, der Mitarbeiter Selbstvertrauen und Begeisterung.

Der Mitarbeiter wird auf diese Weise nie zu einer eigenen verlässlichen Einschätzung seiner Leistung kommen, wenn ihm diese immer abgenommen wird. Er wird sich nie selber etwas trauen können, wenn Andere es immer besser wissen. Also muss er/sie lernen, dass er/sie imstande ist, etwas wirklich gut zu machen, sogar besser als gut, nämlich herausragend.

Es gibt wenig, das uns dauerhaft mit so viel Freude erfüllen kann wie die perfekte Umsetzung unserer Fähigkeiten.

Wenn wir den Menschen gestatten, ihre Fähigkeiten zu ignorieren, dann nehmen wir ihnen genau diese Chance auf Erfüllung. Unsere ganze Kultur zielt auf diese Entmündigung ab. Fernsehen, jede Portion Fertigessen, jeder Lift, alles das nimmt uns ein ganz klein wenig die Freude am Selber-Tun. Das ist zwischendurch keine Katastrophe, aber in Summe macht es uns klein und aus unabhängigen Riesen werden süchtige Zwerge.

Royston Maldoom sagt im Dokumentarfilm „Rhythm is it"[9] wörtlich: *„I can see nobody in this room, who is not capable of being extraordinary"* („*Ich sehe niemanden in diesem Raum, der nicht zu Außergewöhnlichem imstande wäre*"). Das ist genau die Haltung eines Kontinuum-basierenden Führers, einer Kontinuum-basierenden Führerin. Wir müssen uns ständig daran erinnern, dass in den Menschen weit mehr steckt, als sie gewohnheitsmäßig zeigen. Sie sind es selbst nicht gewohnt, etwas zu schaffen. Sie glauben nicht an sich und sie haben in aller Regel auch niemanden anderen, der an sie glaubt. Sie sind umgeben von Menschen mit demselben Defizit an Vertrauen, an dem sie selbst leiden. Statt Heilung ereignet sich Ansteckung.

Kontinuum-basierende Führung muss daher diese Defizite beheben. Weil die Menschen erst Vertrauen aufbauen müssen, dauert es manchmal länger, bis die Auswirkungen dieser Führung spürbar werden. Kontinuum-basierende Führung braucht daher in solchen Fällen anfangs mehr Geduld, Chefs müssen ihrerseits ebenfalls das Vertrauen lernen, dass die Reaktionen nichtsdestotrotz kommen werden.

Jede Gruppe muss für sich langsam das Vertrauen aufbauen, dass Kontinuum-orientierte Führung allen dient, der gesamten Gruppe. Im Gegensatz zur Führung über Druck und über Zuckerbrot und Peitsche spricht sie den Kern unseres Wesens an, den Wunsch nach einer individuellen Spur im Sand, an der man uns erkennen und an der man sich später einmal an uns erinnern kann.

Der Weg in den Flow

Flow ist ein Bewusstseinszustand, der nicht gelernt zu werden braucht. Dennoch kann er Übung erfordern, wenn Menschen längere Zeit nicht im Flow waren. Sobald aber die richtigen Voraussetzungen gegeben sind, tauchen sie ganz natürlich in diesen Zustand ein. In diesem Kapitel werden die einzelnen Voraussetzungen dargestellt. Sie sind alle für sich allein nützlich. Flow begünstigen sie aber erst durch ihr Zusammenwirken. Diese ganzheitliche Sicht ergibt sich im Laufe des Buches schrittweise mehr und mehr.

Von innen gesehen ist Flow zutiefst wohltuend, eine Art von Vorfreude auf ein Paradies, in dem wir gerne ewig verbleiben würden. Von außen gesehen sind wir unglaublich leistungsfähig, trotz hoher Konzentration sind wir entspannt und wirken unbesiegbar.

Es gibt daher mehrere Gründe, sich mit diesem Thema zu befassen:

- Flow ist ein sehr ursprünglicher Zustand, in dem die Trennung zwischen Denken und Fühlen noch nicht aufgetreten ist, in dem wir eins mit unserer Umwelt sind. Ein Leben ohne Flow ist kein wirkliches Leben, sondern nur ein Überleben und entsprechend zombiehaft gestalten wir in diesem inneren Zustand unsere äußere Welt.

- Flow erlaubt völlig andere Leistungsniveaus. Die Menschen unserer Kultur lassen den ganzen Tag über ihre Energie hauptsächlich in Reibung verpuffen. Kein Ingenieur würde eine Maschine erfinden, die so wenig nutzbare Leistung produziert, wie wir es in unseren Organisationen erleben.
- Flow ist so überragend befreiend, dass wir uns deutlich weniger anstrengen müssen bei deutlich höherem Output.
- Flow befreit das Innenleben; durch die verminderte innere Reibung nutzen sich Menschen im Flow motivatorisch und energetisch deutlich weniger ab als im gewohnten Alltagsbewusstsein.
- Flow kombiniert innere Freude mit äußerer Leistungs-erbringung, eine im Alltagsbewusstsein kaum vorstellbare Kombination; da ist man entweder zufrieden oder man arbeitet. Beides zusammen geht angeblich nicht. Arbeit im Flow kombiniert dagegen Glück mit Leistung. Das Wort Arbeit passt dann irgendwie gar nicht mehr. Arbeit klingt zu sehr nach Pflicht, danach, etwas tun zu müssen, weil es getan werden muss. Im Flow tun wir Dinge, weil wir sie tun wollen. Dass das dann oft genau dieselben Dinge sein können, die man ohnedies tun hätte müssen, ist eine wunderbare Fügung des Kontinuums.

Es ist absurd anzunehmen, dass das, was getan werden muss, dauerhaft unangenehm sein könnte. Die Welt ist im Inneren so organisiert, dass wir das, was getan werden muss, immer auch genießen können oder es zumindest nicht als unangenehm empfinden.

Das steht in solchem Widerspruch zu den Erfahrungen der meisten Menschen, dass es nicht genug betont werden kann. Es sind die inneren und äußeren Reibungen, die eine Arbeit unangenehm oder sogar gesundheitsschädigend machen, nicht die Arbeit selbst.[10] Innere Reibungen entstehen, wenn wir etwas tun, das wir eigentlich nicht tun wollen und äußere Reibungen entstehen, wenn wir es unter Umständen tun müssen, die wir nicht ertragen wollen oder können.

Ein Hase, der vor dem Fuchs flüchtet, erlebt diese Flucht nicht als unangenehm und ich bin sicher, er fürchtet sich auch nicht. Dazu hat er gar keine Zeit. Es wäre äußerst unangebracht, in eine Flucht, die für den Erfolg jede kleinste Kraftreserve benötigt, so etwas wie Angst hineinzumischen. Er rennt. Das ist alles. Dadurch rennt er so schnell er kann. Er schlägt Haken. Das ist alles. Dadurch schlägt er die besten und schärfsten Haken, die er kann.

Wenn der Hase während seiner Flucht anfinge zu kalkulieren, was mit ihm passiert, wenn ihn der Fuchs erwischt, verlöre er genau die Millisekunden, die ihn retten können.

Der Unterschied ist deutlich. Ganz anders als der flüchtende Hase investieren wir endlose Mengen an Energie in Angst, in negative Erwartungen, in „*was wäre, wenn*", in „*hoffentlich geht das nicht schief*". Dadurch bleibt wenig Energie übrig und sogar diese wird noch falsch ausgerichtet, weil wir uns nicht auf ein Ziel orientieren, sondern im Gegenteil ständig dorthin schauen, wo wir nicht hin wollen.

Es gibt zwei wesentliche Fäden, an denen Flow und Kontinuum-basierende Führung zusammenhängen:

1. Kontinuum-basierende Führung ist eine direkte Voraussetzung für Flow in einer Gruppe, weil ohne sie keine ausreichende Sicherheit existiert, wie sie für Flow unverzichtbar ist. Fehlt diese Sicherheit, dann entsteht Stress in der Gruppe und Stress ist ein äußerst wirksames Gegenmittel gegen Flow.

2. Zahlreiche andere Voraussetzungen für Flow sind keine selbstverständlichen Bestandteile unseres Alltags. Sie ergeben sich nicht von selbst, sondern müssen bewusst geschaffen und bewusst beschützt werden. Das ist nur durch Führung möglich.

Kontinuum-basierende Führung stellt ohne besondere Absicht von selbst die Voraussetzungen für Flow her. Sie und Flow sind darum in gewisser Weise synchron, wobei Kontinuum-basierende Führung das Tun und Flow das Ergebnis darstellt, so fest verbunden wie die Vorder- und die Rückseite einer Münze.

Wer die Regeln der Kontinuum-basierenden Führung beherrscht, führt seine Teams in Flow.

Flow zeigt die Qualität unserer Führung. Wir können am Flow unser Tun im Job, in der Freizeit und in der Familie überprüfen. Dadurch existiert eine wunderbare Feedbackschleife, die zeigt, ob wir uns verbessern, ob wir uns an das Kontinuum annähern oder ob wir uns entfernen. Auf diese Informationen können wir dann reagieren. Ein perfektes System.

Wie Einzelpersonen in Flow kommen

Die meisten Untersuchungen zum Begriff Flow drehen sich um Einzelpersonen. Die Voraussetzungen für Gruppen-Flow sind im Vergleich dazu um eine Dimension anspruchsvoller und reicher als für den Flow Einzelner. Sie setzen sich zusammen aus den Anforderungen, die eine Einzelperson braucht, um in Flow zu geraten, ergänzt um die Spezifika, die aus der Gruppendimension stammen:

Anforderungen an Flow für eine Einzelperson:

1. Selbstrealisation (versus Aufgabenerfüllung)
2. Konzentration auf das aktuelle Tun (erfordert Sicherheit und die Freiheit von Sorgen um die eigene Person und das eigene Ansehen)
3. Das Erleben von Bedeutung im Tun (durch klare und bedeutsame Ziele)
4. Stimmigkeit zwischen Kompetenz und Anforderungen

Ergänzende Anforderungen an Flow für eine Gruppe:

5. Wahrnehmung der eigenen Person als ein wesentliches Mitglied der Gruppe
6. Wahrnehmung von Bedeutung in dem was man für die Gruppe tut

Anforderung 1: Selbstrealisation

Selbstrealisation ist das Tun dessen, was man als „das Eigene", als Berufung, empfindet. Selbstrealisation ist das Gegenteil von fremdgesteuertem Tun, das man nur ausführt, weil es (1.) von jemandem befohlen wird und man (2.) nicht kämpfen darf und nicht flüchten kann. Selbstrealisation dagegen hat ein hohes Maß an Freiwilligkeit in sich, ja mehr noch, ein hohes Maß an eigener

Wunscherfüllung. Dadurch stellt sich die Frage nach Kämpfen oder Flüchten gar nicht.

Selbstrealisation bedeutet, dass man seine eigenen Fähigkeiten entdeckt und zum Ausdruck bringt. Selbstrealisation bedeutet, dass das, was man tut, mit dem, was man tun möchte, übereinstimmt.

Tatsächlich ist Selbstrealisation immer mit Anstrengung und mit Ausdauer verbunden, mit Konzentration, mit Fokus und sehr oft, wenn nicht sogar immer, mit harter oder härtester Arbeit.

Unsere Fähigkeiten liegen ja nicht fix und fertig in uns. Sie müssen entwickelt werden[11]. Sie sind maximal so fertig wie ein roher Diamant, der von einem Amateur nicht von einem Stein zu unterscheiden ist.

Übermäßig „spontane" Menschen entwickeln keine ihrer Fähigkeiten auch nur ansatzweise so weit, dass sie erkennbar werden. Lange bevor sie erblühen können, werden sie nicht mehr gepflegt und gehen zugrunde. Ein zweiter Versuch, der sehr wohl erfolgreich werden könnte, wird nicht unternommen, weil es – aus der Sicht dieser Menschen – ja schon beim ersten Mal nichts geworden ist.

Selbstrealisation ist das Tun dessen, wonach es einen drängt. Es kann dennoch sehr wohl sein, dass es äußeren Zuspruchs und äußerer Herausforderungen bedarf, um die ersten Phasen zu beginnen und durchzuhalten. Speziell in unserer hoch technisierten Zeit ist das Vermeiden harter Arbeit zu einer ganz wichtigen Aufgabe unserer Kultur geworden. In 999 von 1.000 Fällen ist das auch absolut sinnvoll. Welcher Wert soll darin liegen, Ziegel über eine Leiter hinauf zu schleppen, wenn ein Kran dasselbe in kürzerer Zeit schafft und dadurch kreativere Arbeit geleistet werden kann? Aber der naheliegende Fehler passiert allzu schnell: auch das eine Prozent, wo selber tun viel mehr Freude bereiten würde, wird vermieden. Und schon läuft der Fernseher anstatt, dass Geschichten erzählt werden; der MP3-Player ersetzt das gemeinsame Musizieren; die Fertigküche ersetzt den Herd.

Gerade das letzte Beispiel zeigt, dass Selbstrealisation keine einfache und von selbst entstehende Sache ist. Jeden Tag einen Job machen zu müssen, den man nicht mag, ist nie Selbstrealisation. Dementsprechend wird das Tun auch nicht besser. Man erreicht ein bestimmtes Niveau, auf dem die Qualität gerade akzeptabel wird und bleibt dann dort. Selbstrealisation beginnt dort, wo jemand mit Begeisterung arbeitet und einen eigenen inneren Antrieb dazu verspürt. Erst dann setzt man seine Kreativität ein, probiert Neues aus, geht Risiken ein. Man kann zwar durchaus vorübergehend mit den Ergebnissen glücklich sein, aber dennoch nie ganz und endgültig zufrieden, weil es besser sein könnte, anders, spezieller, persönlicher.

Worte vermögen nur in die Richtung Selbstrealisation zu deuten, ohne den Begriff wirklich erfassen oder darstellen zu können. Nur das eigene Erleben, die glückhafte Befriedigung, das Ausschöpfen des eigenen Inneren, das Mitgehen mit dem inneren Antrieb kann zeigen, worum es wirklich geht. Andererseits sind alle Kontinuum-bezogenen Begriffe Allgemeingut. Es gibt niemanden, der nicht die Millionen Jahre alte Ahnung in sich trägt, wie es sich anfühlt, mit sich im Reinen zu sein, weil man das tut, wozu man geschaffen ist, was das Ureigene ist, die Quintessenz des Augenblicks.

Selbstrealisation hat kein Ziel, sie ist sich selbst genug.

Für den Flow-Zustand kommt dann noch ein Ziel dazu, aber Selbstrealisation an sich ist weitgehend absichtslos. Sie ist sich selbst genug.

Was zu tun ist, das sollten wir mit voller Kraft tun, absichtslos, ohne einen Grund außer dem, dass es zu tun ist.

Ein Geiger, der während einer schwierigen Passage an sein Honorar denkt, wird bald keines mehr bekommen, denn diese Gedanken vergiften die Selbstrealisation, in der es ausschließlich darum geht, diese Passage so perfekt zu spielen wie es dem Geist und Körper des Musikers möglich ist.

Das funktioniert nicht, wenn die Passage auf Befehl gespielt werden soll, und steht dennoch nicht im Gegensatz dazu, dass der Dirigent den konkreten Einsatz gibt und ein Produzent das betreffende Stück auf den Spielplan gesetzt hat. Dirigent und Produzent verschwinden im entscheidenden Augenblick aus dem Zentrum der Aufmerksamkeit. Dennoch sind sie die unverzichtbaren Rahmenfiguren der Gelegenheit, das Beste zu geben. Ohne sie gäbe es für den Geiger/die Geigerin gar keine Möglichkeit das Beste zu geben, außer in einem Probenzimmer.

Zusammengefasst bedeutet das:

- Selbstrealisation muss keineswegs spontan entstehen.
- Selbstrealisation braucht Gelegenheiten. Gerade in arbeitsteiligen Gemeinschaften, wie es alle modernen Gesellschaften und ihre Bestandteile sind, können Menschen sich nur dann auf „das Ihre" konzentrieren, wenn dafür andere Menschen sich um die tausenden anderen Details kümmern, die wir zur Erhaltung unseres Lebens brauchen. Ohne das müssten wir alle nähen, schneidern, anbauen, ernten, unsere Schuhe selber machen usw. usf.

**Gelegenheiten für Selbstrealisation zu schaffen ist
die zentrale Aufgabe der Führung.**

Anforderung 2: Konzentration auf das aktuelle Tun

Diese Konzentration ist nur möglich, wenn man sich nicht auch um Anderes kümmern muss. Es sind insbesondere unsere Ängste, die uns an dieser Konzentration hindern. Wer sich nicht absolut sicher fühlt, kann nicht in Flow fallen, weil er/sie seine/ihre Umgebung aufmerksam scannen muss. Das Gefühl von Bedrohung ist ein sehr starkes Gefühl, denn Bedrohung kann tödlich sein. Die Konzentration wendet sich dann notwendigerweise der Umgebung zu, den möglichen Bedrohungsfaktoren, kurz gesagt, der potenziellen Gefahr.

Wenn also in einem Meeting keine völlige Sicherheit herrscht, wenn es jederzeit möglich ist, dass man unterbrochen, belächelt, heruntergemacht, nicht ernst genommen oder sogar ganz konkret verbal angegriffen wird, dann kann man nicht in diese tiefe Konzentration gehen, die für Flow unabdingbar ist.

Das ist kein Widerspruch dazu, dass es zahlreiche Geschichten gibt, in denen Menschen in schwersten Bedrohungen Außergewöhnliches geleistet haben. Wenn die Abwendung einer extremen Bedrohung des eigenen Lebens oder des Lebens eines nahen Menschen zu leisten ist, dann kann sich diese tiefe Konzentration von selbst ergeben. Sie ist dann der Inhalt dessen, was zu tun ist.

In Business-Situationen dagegen ist diese volle Konzentration auf die genannten Bedrohungen keineswegs der Sinn der Sache, sondern die volle Konzentration sollte den Sachthemen gelten. Wenn keine volle Sicherheit gegeben ist, dann pendelt die Aufmerksamkeit zwischen den offiziellen Sachthemen und den inoffiziellen Bedrohungsszenarien hin und her. Auf keines ist volle Konzentration möglich.

Diese Darstellung mag übertrieben scheinen. Die Bedrohungen in Unternehmen sind ja nicht tödlich im physischen Sinn. Dennoch werden sie ohne Zweifel als existenziell gefährlich wahrgenommen. Unsere Position im Unternehmen, unser Verbleiben im Job, unser Selbstbild und unser Einkommen, das sind tatsächlich schwerwiegende

Themen, die das Leben im Versagensfall äußerst schwierig machen können. Viele Menschen haben darüber hinaus auch keine stabile private Basis, sodass im wirtschaftlichen Versagensfall auch die Ehe und Familie ins Wanken gerät.

Daher sind die ständigen Reibereien in Unternehmen – und vielfach auch in Familien - ein enormer Stressfaktor für die betroffenen Menschen. Diese Reibereien verhindern die Konzentration auf das, was zu tun ist. Sie verhindern damit die Selbstrealisation – auch dann, wenn das was zu tun ist, sich ansonsten perfekt zur Selbstrealisation eignete. Dadurch verhindern sie auch Flow.

Die Folgen sind offensichtlich viel weitreichender als üblicherweise gesehen wird. Es geht nicht nur um die unmittelbaren Schäden von Stress, die hier nicht erörtert werden müssen. Es geht hier darum, dass diese Reibereien wirkungsvoll verhindern, dass Menschen ihr volles Potenzial ausschöpfen können.

Konflikte sind im Tagesgeschäft weder notwendig noch nützlich.

Grob gesagt kann man an eine Sache auf zwei verschiedene Arten herangehen:

- Man kann ihre Schwächen suchen, um auf diese Weise herauszufinden, ob die Sache es wert ist, weiter verfolgt zu werden. Wenn nach Abzug der Schwächen genügend Potenzial übrig bleibt, dann erst entscheidet man sich für „go".
- Man kann sich aber auch direkt auf die Potenziale konzentrieren und diese herausfiltern. Wenn man sich auf die Stärken einer Sache fokussiert, stellt sich ihr Wert schneller heraus und man sieht auch schneller, wo man eventuell nachjustieren muss, um den vollen Schatz zu heben.

Die übliche Art und Weise der Zusammenarbeit ist das Suchen der Schwächen. Dadurch sind Konflikte alltäglich. Wer einer Idee positiv gegenübersteht, muss sie verteidigen und steht bald allein in der Ecke des Rings, eingekreist von denjenigen, die sie ablehnen.

Dadurch entsteht schnell der Eindruck, Konflikte seien unbedingt notwendige Bestandteile des Weges zu einer optimalen Entscheidung und Kooperation.

Völlig anders verlaufen Situationen, wenn die Grundeinstellung eine andere ist. Statt sich zu fragen, was an einer Sache falsch sein könnte, kann man genauso gut fragen, was an ihr richtig sein könnte.

Erst wenn man sich fragt:
Was wäre zu tun, damit diese Sache funktioniert?
statt zu fragen:
Was könnte dabei schief gehen?
hat man eine Chance, das wahre Potenzial zu
erfassen.

Es ist offensichtlich, dass dadurch niemand gezwungen wird, seine eigenen Ideen zu verteidigen. Es entsteht einfach kein Konflikt. Man sucht gemeinsam die Pros und Cons. Man will ein Ziel erreichen und nicht Recht haben. Vielfach wird dadurch viel schneller klar, ob eine Idee Potenzial hat oder nicht. Wenn die Chancen, also das was man günstigstenfalls erreichen kann, nicht ausreichend groß sind, dann hat es gar keinen Sinn mehr, die Schwächen und Risiken zu definieren, weil man die Sache ohnedies nicht verfolgen wird.

Wenn man vom Start an das sucht, was klappen kann, was in einer Idee oder einem Ziel oder einem Projekt steckt, dann werden die Gemeinsamkeiten betont und nicht mehr das Trennende.

Das spontane Mitteilen von Bedenken ist für viele Menschen eine Art von Nationalsport. Sie sind der Meinung, man könne jederzeit jeden anderen unterbrechen, man kann Ideen niedermachen, kann jede Menge undurchdachtes und unverdautes Zeug von sich geben, solange es nur kritisch klingt.

Solche Menschen überbieten sich gegenseitig im Erfinden von Schwierigkeiten, die passieren könnten. Es sollte bei klarer Überlegung nicht schwer zu sehen sein, dass damit jedes Projekt zum Scheitern gebracht werden kann. Man kann beim Lutschen eines Hustenbonbons ersticken. Man kann sich den kleinen Zeh brechen, wenn man aus dem Bett steigt. Man kann sich jede Menge Unheil zuziehen, wenn man mit dem Auto ins Büro fährt, man kann sich dabei zumindest verspäten, aber dasselbe kann passieren, wenn man den Bus oder den Zug nimmt. Alles Schlechte kann sich ereignen. Dass dasselbe auch für alles Gute gilt, wird meist übersehen.

Das muss nicht einmal bewusst destruktiv gemeint sein, wie das folgende Beispiel zeigt.

In einer meiner Veranstaltungen hat sich ein Teilnehmer dazu bekannt, früher einmal ein klassischer Bedenkenträger gewesen zu sein. Er war jemand, der zu jeder Idee sofort seine kritischen Anmerkungen dazu gab, der niemals zögerte, alle denkbaren Risiken aufzuzeigen, alle möglichen Schwächen dieser Idee zu erwähnen und auf diese Weise jede Begeisterung schon im Anflug zu vernichten. Erst durch die klare Beschreibung dieses Tuns und der daraus resultierenden Konsequenzen für das Team durch seinen damaligen Vorgesetzten habe er erkannt, was er da eigentlich tat. Er war sich dessen gar nicht bewusst gewesen. Er dachte, es wäre sein Job, alle nur denkbaren Möglichkeiten des Scheiterns jeder Idee aufzuzeigen. Er sah darin einen wertvollen Beitrag für seine Gesprächspartner, die seiner Meinung nach in ihrer naiven Begeisterung das Wichtigste übersehen hatten: die Probleme.

Erst die unwiderrufliche Mahnung, dieses Verhalten bei ansonsten unvermeidbarer Trennung umgehend zu ändern, führte ihm das ganze Ausmaß der Katastrophe vor Augen.

Was die Geschichte besonders erinnerungswürdig macht, ist die Tatsache, dass eine andere Teilnehmerin dadurch den Impuls bekam, sich ebenfalls zu outen, allerdings noch nicht als verändert, sondern als ganz aktuell in dieser Rolle befindlich. Sie war in ganz derselben Weise eine Bedenkenträgerin und sie konnte auf eine beeindruckende Liste an bisherigen Aufgaben verweisen, die sie geradezu prädestinierten für diese Rolle. Sie wusste ganz real über Unmengen an potenziellen Risiken Bescheid und sie teilte dieses Wissen freimütig mit jedem Menschen, der sich anschickte, auch nur irgendwie an Neues zu denken. Die Erzählung des Seminarkollegen hatte sie aber so tief beeindruckt, dass sie beschloss, dieses Verhalten zu ändern und ihre Bedenken von nun an erst später beizutragen und auch das nicht in der bisherigen demotivierenden Weise, sondern im Wege des Aufzeigens von Randbedingungen, die das eigentliche Projekt gar nicht betrafen, sondern lediglich im Rahmen der Umsetzung sinnvollerweise bedacht werden sollten.

Es ist völlig sicher, dass die Teilnehmerin im obigen Beispiel durch diese Änderung von einer nicht sehr beliebten Botin zukünftigen Ungemachs zu einer begehrten Helferin bei der sicheren Gestaltung der Umsetzung wurde.

Kontinuum-basierende Führung muss solche Abläufe bereits im Ansatz verhindern. Die Auffassung vieler Teammitglieder, dass man jede negative Empfindung jederzeit aussprechen könne, ist tödlich für Kreativität und vor allem für die von den Mitgliedern empfundene Sicherheit im Team. Damit stirbt jede Chance auf Flow. Nichtsdestotrotz wird dieses Negativieren vielerorts wie ein heiliges Recht verteidigt.

Schlimmer noch sind Bemerkungen, die sich nicht auf die Sache beziehen, sondern den Wert des Sprechers/der Sprecherin herabsetzen. Wenn die Kritik den Anschein erweckt, dass der/die SprecherIn etwas nicht genügend durchdacht hätte, dass die geäußerte Ansicht naiv sei, leichtfertig oder gar ahnungslos, dann verschwindet jede Sicherheit im Team.

**Polemik, Sarkasmus, Zynismus und Ironie
sind die Feinde jeder Sicherheit im Team.**

Dabei geht es nicht um eine weltanschauliche Haltung, sondern um die Tatsache, dass Polemik, Sarkasmus, Zynismus und Ironie im Gegensatz zu jeder Form von sicherem Zusammenhalt in einer Gruppe stehen und damit Flow unmöglich machen.

Jede böswillige Bemerkung ist der Tod jedes Flow-Erlebnisses. Für jedes Zeichen von Missachtung eines anderen Teammitgliedes, sei es verbal oder nonverbal, gilt dasselbe.

Umgekehrt verstärken alle positiven Bemerkungen den Zusammenhalt und den Glauben eines Menschen an seine eigenen Fähigkeiten.

**Lob, Begeisterung, Enthusiasmus und Freude
erzeugen Sicherheit und Vertrauen.**

Eine konstruktive Haltung ignoriert keineswegs die Möglichkeit von Schwierigkeiten. Sie werden als ganz normal angesehen. Dadurch wird es viel leichter, sich mit diesen Schwierigkeiten zu befassen. Sie sind ja keine Besonderheiten, sondern alltäglicher Bestandteil jedes Projektes. In einem konstruktiven Umfeld muss niemand ein Projekt um jeden Preis verteidigen, indem er alle möglichen Probleme verneint oder ignoriert. Sie können dadurch viel ruhiger besprochen und bewertet werden.

**Jedes Projekt hat Chancen und Risiken.
Jede Entscheidung verstärkt entweder das Eine oder
das Andere.**

Wenn Menschen und Ideen ernst genommen werden, dann entsteht Sicherheit. Das ist eine Frage des Respekts.

Sicherheit entsteht auch dadurch, dass unqualifizierte negative Bemerkungen nicht zugelassen werden. Das ist eine Frage der Disziplin.

Anforderung 3: Das Erleben von Bedeutung im Tun

Die subjektiv empfundene Bedeutung ihres Tuns entscheidet letztlich darüber, welchen Einsatz Menschen bringen werden. Diese Bedeutung messen sie zu einem wesentlichen Teil an der Freude, die dieses Tun in ihnen bewirkt. Das ist der Effekt der bereits besprochenen Selbstrealisation.

Ebenso bedeutend ist aber der Effekt, den dieses Tun dazu leistet, die Menschen bestimmten wertvollen Zielen näher zu bringen. Es ist also nicht nur das Tun an sich, das seinen eigenen Wert definiert, sondern dieser Wert hängt auch vom Wert der Ziele ab, denen uns das Tun näherbringt.

Wenn jemand ein Ziel als sehr wertvoll erachtet, dann ist jeder Schritt dorthin ebenfalls wertvoll und er/sie wird den persönlichen Einsatz entsprechend erhöhen.

Wer gerne läuft, bezieht einen guten Teil seiner Motivation aus der Bewegung an sich, aus dem Spüren des Körpers und seiner Fähigkeiten. Das ist der Anteil der Selbstrealisation. Vielfach bringt dieser Anteil aber nur einen kleinen Teil dessen hervor, was uns tatsächlich möglich ist. Speziell in Wachstumszonen ist anfangs der Aufwand viel höher als der sofort spürbare Gewinn. Das Wachstum wird dadurch nicht ausgereizt. Das mögliche Mehr an Selbstrealisation bleibt ungenutzt.

Ziele leisten einen enormen Beitrag bei der Überwindung dieser an jeder Wachstumsschwelle auftretenden Trägheit. Ziele sind so etwas wie vorweggenommene Erfolgserlebnisse. Die Vorstellung, ein Ziel zu erreichen, vermittelt ein Gefühl, das dem tatsächlichen Erleben sehr ähnlich ist. Dadurch wird die spätere Belohnung vorweggenommen und dem aktuell zu leistenden Aufwand gegenübergestellt. Die Kosten-Nutzen-Relation stimmt damit nicht erst in der Zukunft, sondern schon jetzt.

Das aktuelle Tun besteht dann nicht mehr nur in der Mühe und im erlebten Aufwand, sondern im schrittweisen Erreichen des Zieles.

Bedeutung im Tun zu erleben ist wichtig, weil sie uns hilft, dieses Tun in größerem Ausmaß wertzuschätzen und es in eine konkrete Richtung weiter zu entwickeln.

Ohne Ziel fehlt jedes Wachstum. Eine Blume wächst der Sonne zu, die ihr die Richtung vorgibt. Die Kartoffelpflanzen im Keller wachsen so hoch wie das Kellerfenster ist. Sobald sie dort angelangt sind, hören sie auf zu wachsen. Es gibt einfach kein Ziel mehr für sie.

Potenziale erzeugen Wachstum.
Wachstum erzeugt neue Potenziale.

Dieser Kreislauf hat kein Ende. Jeder bestiegene Berg zeigt neue Horizonte. Nur wer seine Potenziale nutzt, wächst. Dieses Wachstum erzeugt neue Potenziale, deren Nutzung weiteres Wachstum anregt, wodurch neue Potenziale hervorkommen.

Selbstrealisation in Verbindung mit starken Zielen ist der Königsweg aus unbefriedigenden Zuständen. Ohne starke Ziele kann die Unzufriedenheit dazu führen, dass das Selbstwertgefühl verloren geht. Starke Ziele sind der stärkste Schutz vor Frustration und Depression. Wenn es kein Ende aus der aktuell schwierigen Situation zu geben scheint, dann geht schrittweise auch die Hoffnung verloren.

Ziele, die das Ende dieser Situation markieren, sind Sicherungsseile, die imstande sind, Menschen aus jeder noch so schweren Lage zu befreien.

Darum sind starke Ziele ein wesentliches Element für das Hineingleiten in den Flow. Sie magnetisieren unser aktuelles Tun, geben ihm eine starke und klare Richtung und erleichtern es dem Bewusstsein, sich hinzugeben.

Anforderung 4: Stimmigkeit zwischen Kompetenz und Anforderungen

Etwa 80 % der Zeit eines Managers werden von nur 20 % seiner Mitarbeiter beansprucht, weil er sich nicht auf sie verlassen kann. Ständig muss er sich um ihre Leistung sorgen. Er kann nichts wirklich delegieren, weil er immer auch selber dranbleiben muss.

Die Übergabe eines Auftrages ist nur dann vollständig, wenn man als Manager die Sache vergessen kann, weil der Mitarbeiter sie in seine Verantwortung übernimmt. Der Satz: „Kann ich das damit vergessen?" empfiehlt sich zur klaren Feststellung dieser Übergabe. Der Mitarbeiter muss nur noch wissen, ob der Manager von der Fertigstellung informiert werden will oder nicht. Die völlige Übergabe an einen wirklich kompetenten Mitarbeiter kann sogar darauf häufig verzichten. Eine Information wäre in diesem Fall nur dann notwendig, wenn die Sache aus irgendeinem Grunde *nicht* erledigt werden kann.

Dieser Idealfall stellt das eine Extrem dar, an dessen gegenüberliegendem Ende die inkompetenten Mitarbeiter rangieren, die permanent überwacht werden müssen und aus diesem Grunde die Kapazität des Managers blockieren.

Die schädlichen Folgen dieser Inkompetenz sind:

• Die Führungsperson hat keine Zeit für die konstruktiven, kompetenten Mitarbeiter. Weil diese wie von selbst funktionieren, erzwingen sie keine Aufmerksamkeit. Ohne Problem bekommen sie keine Management-Attention. Sie bekommen kein Lob, keine Unterstützung, weil sich alles auf die wenigen schwierigen Mitarbeiter konzentriert. Die guten Mitarbeiter laufen im Alltag einfach so nebenher. Wenn einer dieser Mitarbeiter dann doch einmal ein ernsteres Problem hat, dann explodiert das System, denn für so eine Situation ist einfach keine Kraft mehr da.

- Die Führungsperson kommt zu keiner eigenen Arbeit. Wichtige Entscheidungen werden zu spät und unter Druck getroffen. Dadurch entsteht Stress, der sich auf die Mitarbeiter überträgt. Dieser Stress allein verhindert bereits das Eintreten in den Flow.
- Die dritte Konsequenz ist die hier bedeutendste: Die inkompetenten Mitarbeiter kommen nicht in den Flow und blockieren damit das gesamte Team.

Die Unmöglichkeit von Flow in solchen Situationen liegt darin begründet: Loslassen ist nur möglich, wenn das, was getan werden muss, auf der technischen Ebene souverän beherrscht wird. Solange man über die nächsten Schritte nachdenken muss, regiert das nachdenkende logische Bewusstsein. Jeder kennt das vom Autofahren. Während der Lernphase wird jede Aktion bewusst gesetzt, alles wirkt dadurch holprig und ungeschickt.

Erst sobald die einzelnen Handlungen wirklich beherrscht werden, verschwinden sie aus dem Bewusstsein und werden vom Unterbewusstsein übernommen. Das Denken wird wieder frei. Wenn die Anforderungen höher sind, als die Kompetenz ist dieser Ablauf nicht möglich. Überforderung erzeugt Stress und dieser ist das Gegenteil von Flow.

Auch Unterforderung verhindert wirksam jeden Flow, weil es statt zu Selbstrealisation zu Langeweile kommt. Langweile ist – wiewohl es sich um das genaue Gegenteil handelt – wie Stress unvereinbar mit Flow.

Für Flow ist eine ausgewogene Balance zwischen den Anforderungen des Jobs und den Fähigkeiten der betroffenen Person unabdingbar.

Wenn weder Langeweile noch Stress aufkommen, ist Flow erreichbar. Steigende Kompetenz verlangt nach steigenden Anforderungen, die die Aufgabe spannend halten.

Wie eine Gruppe in Flow kommt

In Unternehmen müssen nicht nur Einzelpersonen in Flow kommen, sondern ganze Gruppen. Das hört sich zuerst sehr schwierig an. Aber wenn es uns als Kontinuum-basierende Leader gelingt, eine starke und verlässliche Gruppe aufzubauen, dann wird der Zugang zum Flow-Zustand viel einfacher als für eine Einzelperson. Die von einer funktionierenden Gruppe ausgehenden Reize sind enorm stark. Das liegt daran, dass die Gruppe immer schon der Lebensmittelpunkt jedes Menschen war und ist. Allein sind wir verloren. Nicht zufällig ist Einzelhaft eine der schlimmsten Strafen, die die Menschheit kennt.

Die Beziehung zwischen den einzelnen Mitgliedern der Gruppe und der Gruppe als Ganzes funktioniert in zwei Richtungen:

* Die Gruppe muss jedem einzelnen Mitglied seine Bedeutung für die Gruppe vermitteln
* Die Gruppe muss es jedem einzelnen Mitglied ermöglichen, einen wichtigen Beitrag zu ihrem Funktionieren zu leisten

Diese beiden Richtungen sind eng miteinander verbunden. Sie verstärken sich gegenseitig. Das einzelne Mitglied leistet seinen/ihren Beitrag zum Erfolg der Gruppe und die Gruppe erkennt diesen Beitrag als wesentlich an.

Dadurch wird das einzelne Mitglied zu einem integralen Bestandteil der Gruppe, es IST in gewisser Weise die Gruppe, die ohne dieses Mitglied nicht in derselben Form bestehen kann. Dabei geht es primär gar nicht um fachliche Beiträge. Es geht um das Selbstverständnis der Gruppe.

Wenn dieses Mitglied ausscheidet, dann muss sich die Gruppe neu formieren. Sie ist nicht mehr dieselbe. Solange dieser Effekt nicht gegeben ist, solange also ein Mitglied problemlos ausgetauscht werden kann, fehlt die tiefe Identifikation zwischen der Gruppe und ihren Mitgliedern.

> *Am einfachsten ist das zu verstehen am Beispiel eines Babys in einer Familie. Obwohl es nichts beiträgt im Sinne von aktiver Mitarbeit, würde sein Verlust die Gruppe für immer verändern. Allein, dass es einmal da war, hat alles verändert.*

Das Beispiel mit dem Baby zeigt klar, worauf es ankommt. Das Baby kann nur in der Gruppe überleben und die Gruppe braucht das Baby, um weiter zu existieren. Dieser Effekt existiert als Kontinuum-basierende Verbindung zwischen dem Mitglied und der Gruppe ein ganzes Leben lang.

Anforderung 5: Die individuelle Bedeutung für die Gruppe

Diese Anforderung geht näher auf die Verbindung Gruppe zu Mitglied ein. Weil Menschen ihren Wert und ihr Selbstverständnis im Spiegel ihrer Umwelt definieren, ist diese Umwelt von überragender Bedeutung für die Einschätzung der eigenen Person.

Die Gruppe und vor allem der/die Alpha darf nicht davon ausgehen, dass die Mitglieder ihren Wert für die Gruppe ohnedies von selber wissen.

Die Bedeutung dieses Wertes des Teammitgliedes für das Team ist so bedeutend, dass er immer wieder betont werden muss. Das sichere Wissen um die Zusammengehörigkeit setzt enorme Kräfte frei, die sonst im Stress der Selbstdefinition (*„Wer bin ich? Wo gehöre ich dazu? Gehöre ich überhaupt dazu?"*) verbraucht werden.

Ein/eine Kontinuum-basierende/r Alpha wird daher jede Gelegenheit nützen, um diesen Wert der Mitglieder klar und deutlich zu erwähnen.[12] Eine starke Botschaft braucht starke und klare Worte.

Die Formulierung *„Das war nicht schlecht"* ist viel schwächer als *„Das war hervorragend"*. *„Das wird schon"* ist nicht dasselbe wie *„Ich bin wirklich beeindruckt"*.

Genauso wichtig wie positive Verstärkung ist auch klares Feedback bei ungenügenden Beiträgen. Wenn alles super und unglaublich und fantastisch ist, dann nutzen sich diese Begriffe bald ab und verkommen zu inhaltsleeren Worthülsen. Eine ungenügende Performance klar zu thematisieren, kann ein enormer Leistungsturbo für den betroffenen Mitarbeiter oder das betroffene Kind sein.

Die Erwähnung ungenügender Beiträge für das Team ist letztlich ein großes Kompliment. Sie drückt zwischen den Zeilen aus, dass das Team größere Erwartungen hat und dass es dem/der Einzelnen auch mehr zutraut als dieser/diese bisher gezeigt hat.

Ein gut formuliertes kritisches Feedback
ist manchmal ein größeres Kompliment als ein Lob!

Im Kapitel über die Fordern/Fördern-Matrix wird die Kombination aus lobend-bestärkenden und aus fordernd-bestärkenden Elementen detaillierter besprochen werden.

Hier sei primär die Angst adressiert, dass kritische Bemerkungen immer einen negativen Einfluss auf die Seele des betreffenden Teammitgliedes haben könnten. Selbstverständlich kann Kritik das Selbstvertrauen zerstören, selbstverständlich kann eine kritische Grundhaltung das Team daran hindern, in Flow zu geraten. Aber wie so oft sind es die Dosis und die Zubereitung, die das Gift von der Medizin unterscheiden.

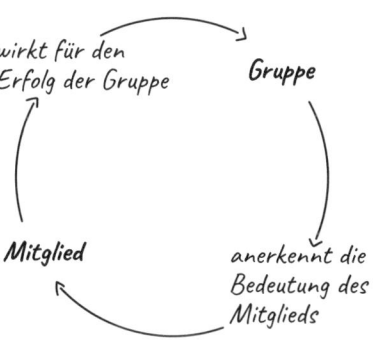

wirkt für den
Erfolg der Gruppe

Gruppe

Mitglied

anerkennt die
Bedeutung des
Mitglieds

**Mangelndes Aufzeigen von ungenügenden
Beiträgen wirkt zerstörerisch nicht nur auf die
Teamperformance, sondern auf das Team selbst.**

Ein Alpha muss Grenzen aufzeigen. Das ist eine der grundsätzlichen Anforderungen an die Führungsfunktion innerhalb eines Teams.

Im Kontinuum-basierenden Konzept der Führung stehen die Gruppe und ihr Erfolg im Mittelpunkt und zugleich ist klar, dass die Gruppe die Summe ihrer Mitglieder ist. Wenn die Gruppe nur dann erfolgreich sein kann, wenn es alle ihre Mitglieder sind, wenn also der Gruppenerfolg die Summe der Einzelerfolge ist, dann ist eines klar: keiner und keine bleibt zurück! Jeder einzelne Misserfolg ist nur scheinbar ein isoliertes Ereignis. Er schwächt den Gesamterfolg der Gruppe. Diese Haltung macht die enorme Bedeutung des Erfolges jedes einzelnen Mitgliedes und die enorme Bedeutung jedes Mitgliedes als Person nochmals klar.

Anforderung 6: Der individuelle Beitrag zum Gruppenerfolg

Dieser Punkt betont einen Aspekt, der häufig übersehen wird. Wir sehen den Wert des Beitrages für die Gruppe, aber wir sehen kaum einmal den Wert desselben Beitrages für den, der den Beitrag geleistet hat.

Ein Mitarbeiter, der etwas wirklich Wesentliches für die eigene Abteilung oder Firma tut, erlebt eine innere Genugtuung, die mit nichts Anderem zu vergleichen ist. Sie geht über das bereits ausführlich geschilderte Gefühl der Selbstrealisation noch weit hinaus.

Diese Freude kommt direkt aus dem Kontinuum. Sie sagt einem Menschen, dass er dazugehört, dass er wesentlich ist, dass er Teil der Struktur ist, die ihn und die anderen im Team am Leben hält. Ohne diese Freude ist alles künstlich. Menschen arbeiten dann nur weil sie müssen, weil sie das Geld brauchen, weil sie alleine daheim noch einsamer wären. Sie brauchen dann einen Grund, der von ihrem Tun völlig losgelöst ist. Und wie schon mehrfach betont, vergiftet diese äußere Absicht das Leben.

Wenn ein Mensch etwas tut, weil es getan werden muss, weil das Team es braucht, weil sonst ihm und dem Team etwas fehlen würde, dann ist keine vom Tun und der Gruppe und ihm selbst unabhängige Rechtfertigung notwendig. Er könnte auf die Frage nach seinen Beweggründen nur sagen: es muss getan werden, es ist notwendig. Alle anderen Gründe würden sich dann auf diese Notwendigkeit beziehen, sie untermauern, begründen. Andere Gründe bräuchte er nicht, außer um vielleicht einen Fragesteller zu befriedigen, der für diese Kontinuum-basierende Sicht kein Verständnis hat, weil er sie nicht kennt.

Es ist diese individuelle Sicht, die den Bogen spannt zur Erkenntnis, dass Kontinuum-basierende Führung immer allen dient. Hier stellt sich nun heraus, dass im Klima des Kontinuums sogar die Leistungen des Einzelnen nicht nur der Gruppe dienen, sondern ihm/ihr selbst.

Wenn Chefs oder Eltern einem Gruppenmitglied diese Freude verweigern, weil sie nicht delegieren können oder weil sie meinen, dem Einzelnen jede Mühe ersparen zu müssen, dann verhindern sie Flow!

Kontinuum-basierende Führung verteilt die Freude am Tun entsprechend den Fähigkeiten der Teammitglieder.

Die Chefs, die alles besser wissen, die alles lieber selber erledigen, sind nicht nett. Sie unterliegen der Sucht nach genau der Freude, die wir hier beschreiben. Sie wollen abends ins Bett gehen und genau diese Empfindung haben: *„Ich habe es gut gemacht; es war vielleicht anstrengend und ermüdend, aber jetzt ist es getan und ich bin mit mir zufrieden!"*.

Wie jede Sucht zeigt auch diese schon bald ihre furchtbaren Schattenseiten. Das Team fällt nie in Flow, alles wird mühsam und die Reibungen nehmen zu. Was der Chef früher gerne gemacht hat, was er sogar an sich gerissen hat, wird bald auch für ihn zu einer zermürbenden Pflicht.

Diese Lage ist eine alle-verlieren-Situation. Niemand gewinnt, auch die scheinbar auf der Gewinnerseite befindlichen Mitarbeiter, die ihrem sich abstrampelnden Boss hämisch zusehen, kommen um die hier geschilderte Freude und – schlimmer noch – um den Genuss, in Flow zu fallen und eins zu sein mit sich und ihrer Aufgabe. Aber weil dieses Erlebnis so selten ist, vermissen es die meisten Menschen gar nicht bewusst. Das normale mühsame Arbeitsleben, der normale stressige Familienalltag, der ganz normale Wahnsinn scheinen unvermeidbar.

Was man nicht kennt, vermisst man nicht. Das diffuse Gefühl, dass die Dinge nicht so sind wie sie sein sollen, wird wohl kaum einmal damit in Verbindung gebracht, dass man tatsächlich in einer Welt lebt, die ganz entschieden nicht so ist, wie sie sein soll.

Eine bessere Welt, ein erfülltes Leben, eine tiefe innere Zufriedenheit, wie sie nur das Kontinuum vermitteln kann, ist möglich. Sie ist eigentlich nur einen Steinwurf weit weg und jedes einzelne Puzzleteilchen trägt dazu bei, ihr einen Schritt näher zu kommen.

Die Fordern/Fördern-Matrix

Die Fordern/Fördern-Matrix kombiniert vier Dimensionen:

- Die Weltsicht, also ob jemand die Welt als förderlich und konstruktiv erlebt oder als Ort von Schwierigkeiten und Problemen.
- Das Ausmaß, in dem jemand Andere fördert, also unterstützt.
- Das Ausmaß, in dem jemand Andere fordert, also Ergebnisse verlangt.
- Die kommunikative Energie, mit der jemand sich Anderen zuwendet.

Sie erlaubt eine Fülle von Auswertungsmöglichkeiten, die dabei helfen, sich selbst und die Menschen der Umgebung besser zu verstehen und auch Maßnahmen abzuleiten, die erfolgreicher machen können.

Die Fordern/Fördern-Matrix ist eine bildliche Zusammenstellung verschiedener Lebensstrategien. Jeder Mensch hat seine bevorzugte „Wohngegend" in der Grafik, also einen Bereich, der seinem bevorzugten Denken und Verhalten entspricht. Konstruktiv eingestellte Menschen finden sich eher rechts oben, negativ eingestellte Menschen links unten. Im rechten oberen Bereich, der konstruktiven „Wohngegend" lassen sich dann zwei große Strömungen unterscheiden.

- Manche Menschen sind sehr auf die inneren Potenziale ihrer Umgebung konzentriert. Sie sehen den guten Willen und die enormen Möglichkeiten anderer Menschen auch dann, wenn davon im realen Leben (noch) nichts erkennbar ist.
- Andere wiederum beziehen sich primär auf das, was bereits erkennbar ist, auf die Anstrengungen und Ergebnisse und geben wenig auf das, was potenziell vielleicht vorhanden wäre.

Eine dritte Gruppe kümmert sich weder um das eine noch um das andere, sondern geht ihren eigenen Weg, ohne besonders nach rechts oder links zu schauen. Und eine vierte Gruppe kombiniert beide Wege, also die inneren Potenziale und die äußeren Ergebnisse.

Was die Fordern/Fördern-Matrix so faszinierend macht, ist die Tatsache, dass jede Wohngegend ihre spezifischen Folgen hat. Es ist nicht egal, wo man in der Matrix angesiedelt ist. Überall gibt es andere Konsequenzen, überall entstehen ganz spezifische Schwierigkeiten oder Chancen. Wenn man weiß, wo man sich irgendwann einmal im Leben angesiedelt hat, dann kann man daraus klare Hinweise auf eigene Stärken und Schwächen ableiten. Daraus wiederum ergeben sich dann im nächsten Schritt konkrete Handlungsempfehlungen, wie man das eigene Erfolgs- und Glücksniveau erhöhen kann.

Der Unterschied liegt in den Erwartungshaltungen

Die Fordern/Fördern-Matrix ist eine Grafik, in der zuallererst einmal die beiden Extreme einer positiven und negativen Weltsicht gegenübergestellt werden. Es gibt in der Fordern/Fördern-Matrix zwei ganz unterschiedliche Gegenden, deren Bewohner zwei miteinander unvereinbaren Glaubenssystemen anhängen. Beide Systeme sind selbstbestätigend, weil sie alle aus der Umwelt einlangenden Informationen systemkonform interpretieren. Aus denselben Grunddaten werden je nach Einordnung völlig unterschiedliche Schlussfolgerungen und Konsequenzen gezogen.

Das ist typisch für geschlossene Systeme. Sie können sich dadurch von innen heraus nicht ändern. Jede Information aus der Umwelt wird so gedeutet, dass sie das Denken des Systems stützt und bestätigt. Informationen, die sich auch beim besten Willen nicht so verbiegen lassen, werden einfach ignoriert.

Das scheint anfangs oft unglaubwürdig und überzogen. Menschen können doch Informationen, die ihnen nicht gefallen, nicht einfach ignorieren, so die allgemeine Ansicht. Was man sieht, das sieht man doch, das ist doch auf unwiderlegbare Art „hier". Theoretisch klingt das schlüssig, praktisch funktioniert es aber nicht.

Das Lebenswerk eines Nobelpreisträgers wurde nach seinem Tod einer intensiven Analyse unterzogen; nicht um es zu überprüfen, dazu gab es keinerlei Anlass, sondern um es besser würdigen zu können. Dabei stellte sich heraus, dass seine Behauptung, ALLE seine Experimente offengelegt zu haben, nicht der Wahrheit entsprach. Diese Behauptung hatte nicht unwesentlich dazu beigetragen, seine Entdeckungen so hoch zu würdigen. Es schien in einem Leben voller Arbeit nicht den kleinsten Schimmer eines Zweifels zu geben.

Wie hatte es zu dieser Lüge kommen können? Wie hatte er hoffen können, damit davon zu kommen – was ihm zu Lebenszeiten allerdings tatsächlich gelungen war? Wenn er – wovon ich ausgehe – kein professioneller Betrüger war, dann könnte er von seiner Sache so überzeugt gewesen sein, dass er jedes Gegenargument, jedes Experiment, das Zweifel wecken hätte können, einfach ignorierte; fast möchte man sagen, ignorieren musste.

Wie das geht? Stellen wir uns vor, ein Forschungsassistent kommt zu ihm mit widersprüchlichen Ergebnissen eines Experimentes. Wenn diese Ergebnisse stimmen, dann kann die Theorie, an der man seit Jahren mit enormem Eifer und auch Aufwand arbeitet, nicht aufrecht erhalten bleiben. Aufsätze müssen zurückgenommen werden, die Karriere ist zerstört, die Gegner, die es immer schon gewusst haben, werden triumphieren, die Geldgeber werden sich zurückziehen, eine Katastrophe. Das DARF nicht sein. Daraus wird in Sekundenschnelle: das KANN nicht sein.

Und schon konstruiert das Gehirn einen Ausweg: Das Experiment war gar keines. Die Proberöhrchen waren schmutzig, Zeitgrenzen waren nicht eingehalten worden, jede nur denkbare Regel wurde verletzt etc. Kurzum: „Macht das Ganze nochmals, aber so, dass es klappt!" Und schon werden nur noch Experimente rapportiert, die „passen". Und die Behauptung, dass ALLE Experimente in die Statistiken aufgenommen worden wären, erscheint plötzlich völlig plausibel. Wer wollte schlampigen Assistenten die Ehre geben, eine ansonsten makellose Statistik zu verderben?

Dieses Beispiel zeigt auf einfache Weise wie das Gehirn Informationen so manipuliert, dass sie zu unserer Weltsicht passen. Vielleicht wird damit die Ansicht Einsteins verständlich, dass man eine Theorie nicht aus den Daten ableiten könne, sondern dass die Theorie über die Interpretation der Daten entscheidet.

Diese scheinbar spröde Tatsache hat weitreichende Folgen: Man kann sein Weltbild von innen heraus kaum ändern. Alles scheint zu gut zusammenzupassen. Es gibt im Großen und Ganzen nur zwei Wege heraus aus dieser Falle:

- Es braucht entweder eine Katastrophe im eigenen Leben, einen Riss im System, der so groß und normalerweise auch so schmerzhaft ist, dass er nicht mehr so ohne Weiteres ignoriert werden kann. Man kann die Risse in der Hauswand lange ignorieren und als belanglos abtun, aber wenn man eines Tages nach Hause kommt und das Haus ist eingestürzt, dann kann man das nicht mehr einfach unter „nix passiert" ablegen.
- Eine andere Weise, das Weltbild zu ändern, ist Vertrauen zu jemandem Außenstehenden. Das ist eine der Chancen Kontinuum-basierender Führung. Wenn Mitarbeiter Vertrauen gefunden haben, wenn die Trägerfrequenz stimmt, dann können Informationen durch den Schutzwall dringen, der sie normalerweise abschottet.

Wegen dieser zentralen Bedeutung ist das Weltbild, also die grundlegende Art, wie wir die Welt sehen, hier an den Anfang gestellt.

Diese beiden gegensätzlichen Ansichten über die grundlegende Tendenz der Welt haben beide eine selbsterfüllende Wirkung. Worauf man seine Aufmerksamkeit richtet, das erlebt man. Das ist keine mystische Bemerkung, sondern Alltagswissen. Jäger sehen viel mehr Tiere auf den Wiesen und an den Waldrändern stehen als normale

Spaziergänger. Wer ein Auto lenkt, nimmt mehr Details an der Straße wahr als die mitfahrenden Passagiere, die vor sich hin plaudern.

Auf dieselbe Weise gibt es Pessimisten, die jede kleinste Schwierigkeit wahrnehmen, ja schon ihre Vorausschwingungen aufnehmen können, lange bevor sie ins Blickfeld gerät. Optimisten ergeht es ganz gleich, nur dass es die Chancen sind, von denen sie angezogen werden.

Im Folgenden geht es nicht darum, die positive oder negative Weltsicht für besser zu halten oder für richtiger. Damit kommen Wertungen ins Spiel, die nur zum Kleinkrieg in der Partnerschaft oder an der Bar taugen. Beide Haltungen haben unterschiedliche Konsequenzen und beide bestätigen sich selbst. Beide sind eine Entscheidungsfrage.

Jede Situation hat Chancen und Risiken.
Wir können uns entscheiden, was wir fördern.

Das ist der springende Punkt. Jeder Mensch kann sich jederzeit entscheiden, worauf er sich konzentriert. Das wird dann mehr und mehr Gewicht in seinem Leben erhalten. Spätestens jetzt sollte die Entscheidung nicht mehr schwerfallen.

Beginnen wir mit einer positiven Sicht der Welt.

Menschen mit einem hohen Erwartungsniveau schauen optimistisch in die Zukunft. Sie rechnen grundsätzlich mit Erfolg und positiven Ergebnissen. Das bedeutet nicht, dass sie die Möglichkeit von Schwierigkeiten und Problemen ignorieren. Im Gegenteil, ihre wahre Stärke besteht darin, trotz zu erwartender Schwierigkeiten optimistisch zu bleiben.

Ein hohes Erwartungsniveau geht somit einher mit einer realistischen Erwartung von Problemen, die auf einen zukommen werden, sobald man sich hohe Ziele setzt. Die positive Stimmung äußert sich darin, dass die Probleme als lösbar eingeschätzt werden.

Ein hohes Erwartungsniveau hat nichts mit Blindheit gegenüber Problemen zu tun. Es geht davon aus, dass die mit Sicherheit auftauchenden Probleme gelöst werden können.

Irgendwann einmal in ihrem Leben haben Menschen mit dieser inneren Haltung die Erfahrung gemacht, dass sie auch mit als groß empfundenen Schwierigkeiten fertig werden konnten. Diese Erfahrung wurde dann verallgemeinert und erzeugt eine positive innere Grundstimmung.

Sie wird als Eigenschaft des Lebens empfunden, als *„so ist es immer"*. Immer gibt es eine Lösung, immer kommt einem irgendetwas zu Hilfe, immer tut sich eine vorher nicht gesehene Lücke in den Schwierigkeiten auf.

Diese Einstellung ist selbstbestätigend. Menschen mit dieser Grundhaltung blicken bei allen Problemen mit der Erwartung um sich, dass irgendwo eine Lösung existiert und nur entdeckt werden muss. Dadurch entdecken sie diese Lücke auch früher oder später.

Menschen mit einem niedrigen Erwartungsniveau sehen ständig unlösbare Probleme auf die Person oder die Gruppe zukommen. Eine negative Grundstimmung entsteht durch den Glauben, dass man die Dinge nicht beeinflussen kann, dass man machtlos ist gegenüber äußeren Entwicklungen, die alles nach unten zerren. Diese Hilflosigkeit ist zu einem guten Teil, wenn nicht zur Gänze, erlernt. Man hat in einer bestimmten Phase des Lebens die Erfahrung gemacht, dass bestimmte sehr ernste Probleme nicht beeinflussbar waren, dass man sich anstrengen konnte wie man wollte, es änderte sich nichts. Diese Erfahrung wird dann verallgemeinert, das heißt gelernt. Auf einmal steht im Inneren dieser Personen ein Schild, auf dem steht sinngemäß: *„Du kannst machen, was Du willst, es wird nie klappen. Irgendwelche äußeren Einflüsse werden immer wieder alles kaputt machen was Du aufgebaut hast!"*.

Diese Erfahrungen mit bestimmten Situationen und Personen werden verallgemeinert und genauso wie bei den vorhin geschilderten positiven Lerneffekten als eine Eigenschaft des Lebens an sich verankert. Die auslösenden Situationen sind bald darauf vergessen. Aber die Lehre daraus, dass alles schiefgehen wird, diese Lehre wurde so gut gelernt, dass sie erhalten bleibt.

Naturgemäß ist auch diese Einstellung selbstbestätigend. Menschen mit dieser Haltung starren auf ein Problem, statt herumzublicken. Wozu sollten sie auch – ihrer inneren Einstellung zufolge – herumschauen? Es wird ja ohnedies nicht klappen. Was anfangs vielleicht wie eine Lösung aussieht, wird am Ende doch nicht funktionieren. Was einen Ausweg zu bieten scheint, ist am Ende eine Sackgasse. Es lohnt sich einfach nicht.

Mit dieser Weltsicht bewaffnet spüren solche Menschen jedes kleinste Problem auf und verlängern jeden Trend nach unten. Sie sehen auch hinter dem größten Erfolg den unvermeidlich kommenden Umschwung. Sie sehen auch an einem strahlenden wolkenfreien Sommertag den Regen kommen und voilà – spätestens am Ende des Sommers ist er da. Käme er einmal nicht, wäre die damit verbundene Dürre eine willkommene Entschädigung. Wie auch immer, alles geht daneben.

Erwartungshaltungen sind ansteckend.

Jeder Mensch tauscht in einem ununterbrochenen Fluss Informationen mit seiner Umwelt aus. Natürliche Systeme sind nicht fest auf einen bestimmten Wert eingestellt, sondern schwanken ständig in einer permanenten Suche nach der für den aktuellen Augenblick passenden Einstellung. Bei jeder kleinsten Bewegung passt sich unser Pulsschlag neu an. Jeder einzelne Gedanke beeinflusst den elektrischen Hautwiderstand. Genau das gilt auch für die innere Erwartungshaltung. Sie sucht ständig nach dem aktuell richtigen Wert. Das kennt jeder Mensch aus eigener Erfahrung. Ein Telefonanruf im richtigen oder genau im falschen Moment, ein Klingeln an der Tür, jede Kleinigkeit kann uns aufregen, mit Freude erfüllen oder im Gegenteil ängstigen.

Von besonderer Bedeutung für unsere eigene Erwartungshaltung sind die Erwartungshaltungen der Menschen rund um uns. Diese beeinflussen uns schon, wenn sie noch gar nicht ausgesprochen werden. Die Sprache kennt das genau: positiv gestimmte Menschen haben eine positive Ausstrahlung. Sie verströmen Optimismus und tendenziell auch eine gute Laune. Das ist verständlich. Wenn jemand in der Erwartung guter Entwicklungen lebt, dann erzeugt das ein inneres Klima der Freude, denn das innere Schild mit dem Titel Zukunft hat die Inschrift: *„Alles wird gut!"*. Wenn Probleme auftauchen, dann ist ihre primäre Reaktion: *„Gehen wir's an!"*. Sie sind generell gesprochen zukunftsorientiert und weil die Zukunft noch offen ist, sehen sie jede Menge möglicher Chancen und Möglichkeiten. Und auf einmal sehen auch Menschen, die das vorher nicht getan haben, dass ein bestimmtes Problem vielleicht doch lösbar sein könnte.

Dasselbe Prinzip gilt auch für Menschen mit negativer Erwartungshaltung. Sie verströmen Pessimismus wie ein schlechtes Parfum. Körperhaltung und Gesichtsausdruck verkünden, dass jeden Augenblick mit schlechten Nachrichten gerechnet werden muss. Da sie diese Haltungen nicht schauspielern, sondern zutiefst davon erfüllt sind, dämpft das naturgemäß ihre Laune. Sie entwickeln sich missmutig und griesgrämig. Ihr inneres Zukunftsschild hat die Inschrift: *„Hochrisikobereich! Bleiben Sie fern! Warnen Sie Kinder und Freunde!"*. Speziell letztere Anweisung wird sehr ernst genommen.

Optimisten wissen um die Alltäglichkeit von Problemen. Sie wissen, dass keinerlei spezielle Fähigkeiten dazugehören, Probleme vorherzuahnen.

Pessimisten haben aber den Eindruck einer individuellen besonderen Begabung, wenn ein Problem daherkommt, das sie zwar nicht im Detail, aber als generelles Phänomen vorhergewusst haben.

Pessimisten halten das Wissen um kommende Schwierigkeiten – das so banal ist wie das Wissen um den täglichen Sonnenaufgang – für eine spezifische Form von Begabung.

Sie glauben, dass optimistischer eingestellten Menschen diese Ader fehlt.

Pessimismus ist eine Form von Geisteskrankheit, die nur deshalb nicht als solche diagnostiziert wird, weil sie zu weit verbreitet ist und daher normal wirkt. Wenn ein Pessimist längere Zeit die Gelegenheit erhält, seine kranke Weltsicht in einem Team zu verbreiten, dann vergiftet er das Team. Eine negative Weltsicht ist ansteckend. Man könnte einwenden, dass man sich dieser niedrigen Erwartungshaltung ja nicht anschließen müsse. Das ist richtig und ein gutes, zielorientiertes Team wird das auch versuchen. Aber es kostet einen enormen Preis in Form von Zeit, Kraft und Energie und das alles fehlt dem Team dann bei seiner Arbeit.

Die beiden Achsen der Fordern/Fördern-Matrix

Die beiden Achsen zeigen die beiden Grundstrategien, mit denen wir unsere Beziehungen zu gestalten versuchen. Auf der Y-Achse wird der innere Bezug aufgetragen. Es geht um die emotionelle, mentale Seite des Lebens, um Selbstvertrauen, Selbstachtung, Respekt vor sich und anderen. Auf der X-Achse erscheint der äußere Bezug des Lebens. Es geht um das Handeln, das Realisieren, das Umsetzen.

Beide Achsen können positiv oder negativ genutzt werden. Selbstvertrauen und Selbstachtung können aufgebaut oder zerstört werden. Das konkrete Handeln kann aufbauen oder zerstören. Menschen mit positiver Weltsicht neigen nicht zur Zerstörung. Sie haben dazu keine Veranlassung. Warum sollte man eine Welt, die einem entgegenkommt, zerstören wollen? Menschen mit negativer Weltsicht dagegen fühlen jede Menge Grund zur Zerstörung, wobei sie diese in aller Regel nicht als solche wahrnehmen. Sie haben das Selbstbild, ihre Umgebung vor den Schrecknissen bewahren zu wollen, die in hohen Zielen, in Lebensfreude und generell in allem Neuen liegen. Das soll nicht heißen, dass das Beibehalten des Bestehenden ihre Zustimmung hat, denn auch darin liegen mehr Gefahren als Chancen. Es gibt keinen Ausweg und darum sind sie tief frustriert und in aller Regel voller Zorn und Hass. Dass Zerstörungswut die logische Folge ist, ist leicht zu verstehen und dennoch nicht akzeptabel.

Die Y-Achse geht vom Mittelpunkt nach oben in ihren positiven Teil und nach unten in ihren negativen Teil. Dieser aus der Geometrie bekannten Darstellung entspricht auch die Verwendung in der Fordern/Fördern-Matrix. Nach oben erstrecken sich die positiven, nach unten die negativen Bestrebungen und Aktionen.

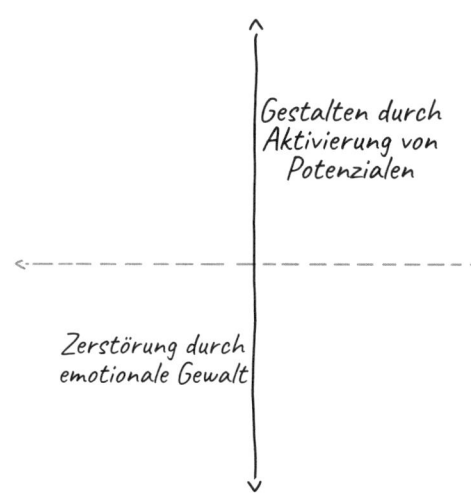

Die X-Achse geht vom Mittelpunkt nach rechts in ihren positiven Teil und nach links in ihren negativen Teil. Dieser aus der Geometrie bekannten Darstellung entspricht auch die Verwendung in der Fordern/Fördern-Matrix. Nach rechts erstrecken sich die positiven, nach links die negativen Bestrebungen und Aktionen.

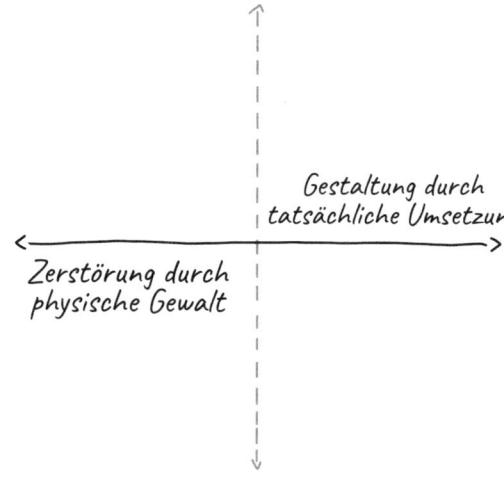

Der konstruktive Quadrant

Er kombiniert die beiden positiven Aspekte Fordern (auf der X-Achse) und Fördern (auf der Y-Achse).

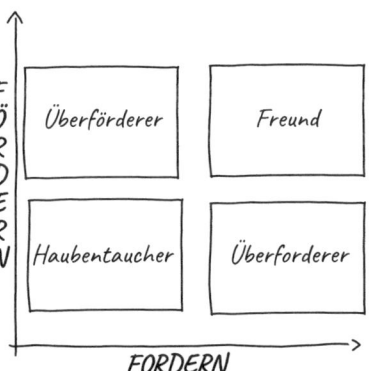

Beide Achsen sind positiv im Sinne einer konstruktiven Weltsicht. Alle Menschen mit dieser Weltsicht wollen etwas aufbauen. Sie unterscheiden sich lediglich – aber durchaus deutlich – durch die Strategien, die sie dabei anwenden.

Fördern kommt aus dem intensiven Drang, anderen Menschen zu helfen. Je weiter oben auf der Förderachse, desto ausgeprägter ist dieser innere Antrieb. Förderer wollen ihre Freunde, ihre Familie, ihre Teams unterstützen. Sie bemühen sich, die Menschen rund um sich zu verstehen und ihre Bedürfnisse zu erfüllen.

Fordern heißt, auf Leistung und Ergebnisse zu sehen. Je weiter rechts in der Grafik, desto ausgeprägter ist diese Tendenz. Forderer sind mit anderen Menschen selten wirklich zufrieden. Sie wissen, dass immer noch etwas mehr geht, sie sehen immer noch Leistungsreserven und haben wenig oder gar kein Verständnis für menschliche Schwächen, wie sie es nennen.

Je nach der Kombination dieser beiden Strategien - Fordern und Fördern - lassen sich vier grundlegende Menschentypen unterscheiden.

Überförderer, Überforderer, Freunde und Haubentaucher

Fördern

Fördern ist eine wunderbare Sache. Förderer sind sehr sozial orientiert. Sie nehmen andere Menschen intensiv wahr und kümmern sich aus innerem Antrieb um das Team.

Förderer wirken ausgleichend in einem Team. Sie interessieren sich für die menschliche Seite jeder Angelegenheit und haben ein natürliches Verständnis für die Sorgen und Anliegen ihrer Umwelt. Dadurch schaffen sie ein angenehmes Klima, in dem sich die Menschen akzeptiert fühlen.

Förderer spüren Konflikte und haben den starken Drang, diese aus der Welt zu schaffen. Allerdings tun sie das selten durch Klärung des Konfliktes, sondern indem sie entweder die Schuld auf sich nehmen oder indem sie die Arbeiten übernehmen, über die die anderen streiten.

Förderer sind hilfsbereit. Sie bieten sich von selbst an, wenn etwas zu erledigen ist. Sie lehnen Dank ab und sehen ihre Hilfe als selbstverständlich an.

Wie meistens im Leben entspringen auch bei den Förderern die Schwächen direkt aus ihren Stärken.

Durch ihren starken Wunsch nach Ausgleich und Frieden im Team neigen Förderer dazu, Konflikten aus dem Weg zu gehen. Sie sprechen Probleme nur sehr ungern an und akzeptieren bereitwillig jedes Argument und jede Ausrede. Sie sind mit Begründungen zufrieden, statt nach Ergebnissen zu streben.

Förderer sind mit Begründungen zufrieden.
Reasons, no results!

Förderer haben ein übertriebenes Verständnis für die Fehler und Schwächen anderer Menschen. Sie trauen anderen Menschen viel weniger zu als sich selbst. Wenn etwas schiefgeht, dann suchen sie die Schuld bei sich oder, wenn sie mit der Sache gar nichts zu tun haben, beim Schicksal. Förderer erkennen nicht, dass sie diese anderen Menschen damit klein machen – und sich selber groß.

Förderer übernehmen Verantwortung für die Fehler von Anderen. Sie tun das, um es diesen anderen Menschen leichter zu machen. Sie haben das Gefühl, selber damit schon fertig werden zu können, aber den anderen Menschen trauen sie das nicht zu. Es ist erstaunlich, wie selten Förderer erkennen können, dass diese Haltung überheblich und arrogant ist.

Förderer überreagieren bei eigenen Fehlern. Wenn ihnen ein Missgeschick passiert, dann geht ihre erste Reaktion in die Richtung *„Das ist wieder einmal typisch für mich!"*. Das muss überhaupt nicht stimmen, es ist nur die innere Selbstwahrnehmung von Förderern. Was immer passiert, sie geben sich die Schuld dafür, und zwar nicht nur in einem spezifischen Einzelfall, sondern als generelle innere Haltung.

Förderer übernehmen immer wieder Arbeiten, die sonst niemand machen will. Sie nehmen auf sich selber wenig Rücksicht und sind ständig in der Gefahr, sich selbst zu überfordern und dadurch auszubrennen.

Ihre Beiträge werden sehr schnell als selbstverständlich angesehen und selten ernten sie Dank und Anerkennung. Irgendwann einmal kann es auch einem Förderer bewusst werden, dass selten oder gar nie etwas zurückkommt. Wenn sie das spät aber doch erkennen, kann das sehr schmerzhaft werden, sie fühlen sich dann ausgenutzt und missbraucht.

Förderer schwächen die Menschen, weil sie ihnen wenig zutrauen. Sie verhindern durch die permanente Übernahme von Verantwortung jeden Lerneffekt in ihrer Umgebung. Sie sehen zwar die Potenziale anderer Menschen, verhindern aber durch ihre schnelle Einmischung, dass diese auch in Erscheinung treten.

Durch ihre Konfliktscheu setzen sie sich auch dann nicht durch, wenn sie die besseren Fachleute sind. Sie riskieren sogar falsche Entscheidungen, wenn sie damit den Frieden im Team bewahren können.

Überförderer

Überförderer sind Menschen mit dem Schwerpunkt auf der Strategie „Fördern" in der linken Hälfte der Grafik. Sie haben den intensiven Drang, anderen Menschen zu helfen. Je weiter oben auf der Förderachse, desto ausgeprägter ist dieser innere Antrieb. Sie wollen ihre Freunde, ihre Familie, ihr Team unterstützen. Sie bemühen sich, die Menschen rund um sich zu verstehen und ihre Bedürfnisse zu erfüllen.

Sie leben in einer eigentümlichen Welt, in der sie den Menschen rund um sich angeblich alles zutrauen, aber dennoch glauben, sie ständig beschützen und unterstützen zu müssen.

Diese pathologische Kombination aus „*du kannst das*" und „*ich mach das für dich*" verunsichert die Umgebung und macht sie zornig. Es wäre den Kindern, Partnern und Mitarbeitern lieber, die Überförderer würden sich klar für eine Haltung entscheiden. Sich widersprechende Botschaften sind extrem verunsichernd und lösen damit enormen Widerstand aus. Für die Betroffenen wäre ein klares Signal leichter zu verstehen, egal ob sie es inhaltlich schätzen würden oder nicht.

Das Hauptproblem der Überförderer ist ihre Sucht danach, geliebt zu werden.

Überförderer sind so weit verbreitet, dass man ihre Strategien auf den ersten Blick oft gar nicht mehr durchschaut. Sie wirken immer lieb, wirken immer bemüht und sind dennoch im Inneren hart, was ihre Überzeugungen angeht. Das Problem liegt im widersprüchlichen Verhalten, mit dem sie einerseits alles verstehen und andererseits doch ganz klare eigene Vorstellungen haben. Zu beidem stehen sie nur halbherzig.

Letztlich besteht das Problem der Überförderer im Erzeugen einer Fassade. Sie glauben, sie müssten alles verstehen, ohne dass das tatsächlich so ist. „Ja, das verstehe ich" ist eine berühmte Phrase unter Pädagogen und Psychologen, mit der eine Übereinstimmung behauptet wird, die selten oder gar nicht besteht. Man kann wohl verstehen, was jemand sagt, also eine Botschaft begreifen, und so verstanden macht der Satz durchaus Sinn. Ob man aber den dahinterstehenden Inhalt auch teilt, also versteht, dass man bestimmte Dinge so sehen kann, das ist etwas deutlich anderes. Vielleicht wäre es manchmal besser zu sagen: *„Ich glaube, ich begreife, was du sagen willst"* oder *„Ich fange an zu verstehen, wie du die Sache siehst"*, am besten vielleicht: *„Ich fange an, dich zu begreifen"*, also nicht die Details eines Problems oder einer Sichtweise, sondern die Art und Weise, wie der andere Mensch die Dinge ansieht. Das bedeutet nicht, dass man derselben Ansicht darüber sein muss und man kann dann ohne sich zu verbiegen auch über die eigene Sicht sprechen, auch wenn diese vielleicht ganz anders ist. Das Ergebnis ist nicht zwangsläufig eine inhaltliche Einigung, bei einem guten Gespräch aber gegenseitiges Verständnis.

Weil Überförderer jeden Konflikt vermeiden wollen, agieren sie ausweichend und halbherzig.

Wenn ein Mitarbeiter eine Entscheidung treffen möchte, die der Vorgesetzte gerne anders treffen würde, dann antworten überfördernde Chefs gerne ausweichend.

Mitarbeiter: „Ich möchte das gerne so und so machen."
Vorgesetzter: „Ich glaube, da sollten wir nochmals darüber nachdenken?"

Statt klar und deutlich zu sagen, was er sich vorstellt, weicht der Überförderer aus und verschleppt die Sache. Das muss den Mitarbeiter zuerst verunsichern und dann zornig machen. Der Vorgesetzte ist nicht mutig genug, ein höfliches und klares Nein zu sagen. Das wäre eine klare Haltung, die der Mitarbeiter entweder akzeptiert oder über die man diskutieren könnte. Aber die unklare, ausweichende Haltung des Vorgesetzten macht es dem Mitarbeiter schwer, seinerseits klar darauf zu reagieren. Was ich hier beschreibe, sind ja keine bewussten, logischen Abläufe, sondern das alles spielt sich ja im emotionalen Bereich des Bewusstseins ab. Es ist schwer oder besser gesagt gar nicht ausdrückbar. Was übrig bleibt ist daher ein diffuser Zorn.

Überfördernde Chefs trauen ihren Mitarbeitern einerseits angeblich alles zu, zum anderen machen sie aber lieber alles selber. Sie rügen Versäumnisse selten und wenn, dann ohne wirklich klare Worte. Könnte, sollte, wäre, das sind ihre Hauptausdrucksformen. Das führt zu einer letztendlich ständig auf subtile Art vergifteten Atmosphäre. Konflikte werden nicht gelöst, sondern verleugnet, diese scheinbare Freundlichkeit liegt über der Situation wie eine bunte Zuckerglasur über einem billigen Kuchen.

Die an sich so positive Haltung des Förderns, jemand Anderem etwas zuzutrauen, wird von den Überförderern zunichte gemacht durch ihre Angst vor klaren Worten und Konflikten. Das Problem liegt also nicht im Fördern selbst, das eine fantastische Voraussetzung für gute Führung bietet, sondern darin, dass Überförderer im Fördern stecken bleiben und nicht darüber hinaus gehen.

Fordern

Fordern ist ebenfalls eine wunderbare Sache. Fordern ist leistungsorientiert. Forderer nehmen die Menschen im Wesentlichen als Zubringer zur Zielerreichung wahr. Sie akzeptieren keine Ausreden – und dazu zählen sie praktisch jedes Argument, warum etwas nicht gehen soll – und beziehen klare Standpunkte. Sie schonen sind und auch andere nicht, wenn es gilt, ein Ziel zu verfolgen.

Forderer wirken durch Zielvorgaben magnetisierend auf ein Team. Sie interessieren sich allerdings kaum oder gar nicht für die menschliche Seite einer Angelegenheit. Dadurch schaffen sie ein stark einseitig leistungsorientiertes Klima, in dem sich Menschen schnell benutzt fühlen.

Forderer nehmen Konflikte als Störfaktoren bei der Leistungserbringung wahr und haben dadurch den starken Drang, diese aus der Welt zu schaffen. Allerdings tun sie das selten durch Klärung des Konfliktes, sondern indem sie „Recht sprechen" und ein Ende befehlen. Dass damit Konflikte in Wahrheit nicht aus der Welt sind, sondern nur verschoben werden, ist ihnen egal. Hauptsache, die Arbeit geht wieder ein Stück voran.

Forderer verlangen vollen Einsatz und erwarten diesen geradezu selbstverständlich. Sie sind selten dankbar, weil sie den höchstmöglichen Einsatz ihrer Kinder, Partner und Mitarbeiter als natürlich ansehen.

Forderer sind sehr fokussiert. Sie schaffen ein zielorientiertes Klima, in dem nicht Sympathie, sondern einzig Leistung zählt. Durch diese hohe Konzentration ziehen sie leistungsorientierte Menschen an, die etwas erreichen wollen.

Begründungen für Probleme interessieren Forderer nicht. Sie wollen Ergebnisse sehen. Begründungen für Fehlschläge kommen aus einer Ebene, die für Forderer gar nicht existiert. Sie reagieren darum mit Unverständnis und geradezu fassungslos, wenn jemand einen Fehlschlag begründet. Begründungen sind Ausreden und gehören ihrer Meinung nach einfach nicht in ihre Welt. Das zwingt im positiven Fall ihre ganze Umgebung dazu, ebenfalls in Lösungen zu denken.

Forderer kennen kein Entgegenkommen.
Results, no excuses!

Forderer erkennen Ablenkungen von der Zielerreichung schnell und reagieren umgehend. Da sie zwanghaft auf ihre Ziele starren, spüren sie jede Ablenkung geradezu körperlich. Sie zwingen ihr Team immer wieder auf den Weg zurück, den sie für den richtigen halten.

Sie geben in Entscheidungssituationen nie aus sozialen Gründen nach. Ob jemand den Raum gekränkt oder geknickt verlässt, ist die persönliche Angelegenheit des Betreffenden, nichts Ernstes sozusagen.

Sie erwarten Disziplin und höchsten Einsatz von jedem Einzelnen.

Überforderer

Wenn das Fordern bei einem Menschen sehr ausgeprägt ist und in keinerlei Balance mit der Strategie Fördern gebracht wurde, dann werden die zahlreichen Stärken der Strategie Fordern direkt zu Schwächen.

Überforderer nehmen Menschen nur als Mittel zum Erreichen ihrer Ziele wahr. Begründungen für Probleme werden immer als Ausreden empfunden. Partner, Kinder und Mitarbeiter sind ihnen selten gut genug. Zielverfehlungen empfinden sie als persönliche Niederlagen.

Überforderer verfügen eigentlich nicht über Teams, sondern über Arbeitskolonnen. Die menschlichen Seiten jeder Zusammenarbeit, alle persönlichen Anliegen und Interessen sind störend und so weit wie möglich auszuschalten.

Überforderer sind konfliktorientiert. Sie leiden in Konflikten nicht und erwarten diese Haltung auch von ihren Kontrahenten. Wer das anders sieht, ist in ihren Augen schwach.

Überforderer erwarten Leistung mit solcher Bestimmtheit, dass es ihnen gar nicht einfällt, sie auch zu belohnen.

Überforderer schwächen ihre Umgebung durch Überforderung und haben die Tendenz, andere Menschen zu verbrauchen. Sie nehmen keine Rücksicht auf persönliche Probleme oder Leistungsgrenzen.

Damit treiben sie ihre Teams in die Grenzbereiche ihrer Leistungsreserven.

Überforderer haben die Tendenz, Fehler eher bei Anderen als bei sich selbst zu suchen. Wenn ein Missgeschick passiert, dann geht ihre erste Reaktion in die Richtung *„Wer hat denn das zu verantworten?"*. So reagieren sie auch, wenn es von außen betrachtet glasklar ihr eigenes Verschulden ist. Was auch immer passiert, sie geben anderen die Schuld dafür und zwar nicht nur in einem spezifischen Einzelfall, sondern als generelle innere Haltung.

Sie beuten freundliche Menschen leicht aus, wenn diese sich nicht aktiv zur Wehr setzen, was allerdings in einen Dauerkrieg münden kann, den ein Überforderer viel länger aushält, wogegen er einen Förderer sehr bald zermürbt.

Reine Forderer (also ohne Förderanteile im Denken und Handeln) neigen zur Verdoppelung der Arbeitswelt. Auch am Tennis- und Golfplatz müssen sie unbedingt gewinnen. Wenn sie beim Schifahren eine Tageskarte kaufen, dann rechnen sie genau aus, wie oft sie diese benutzen müssen, um gegenüber der Punktekarte einen finanziellen Vorteil zu haben. Und bevor diese Anzahl nicht gefahren wurde, gibt es für die ganze Familie keine Pause. Auch dann nicht, wenn es kalt und ungemütlich ist und man in der Hütte eine nette Pause einlegen könnte, in der man sich gemeinsam über den offenen Kamin freut. Leistung geht über alles.

Durch diese extreme Konzentration auf Leistung sind Überforderer eindimensional. Dort wo Überförderer schwammig und unklar sind, sind Überforderer vollkommen klar, allerdings auf einen so kleinen Ausschnitt der Realität fokussiert, dass sie ebenso wenig ins Ziel treffen wie die Überförderer.

Sie kümmern sich nicht um die Menschen rund um sie. Sie vergessen, dass Menschen Zuwendung und Zuspruch brauchen. Sie würden auch von einer Pflanze verlangen, dass sie zu wachsen und Früchte zu tragen habe, ohne auch nur eine Sekunde an den Gedanken zu verschwenden, dass es dazu vielleicht bestimmter Voraussetzungen bedarf.

Dass ihre Vorgangsweise nicht den vollen möglichen Erfolg erzielen lässt, ist für Überforderer so wenig erkennbar, wie für Überförderer. Wie schon bei der Weltsicht ausführlich dargestellt, sind auch diese beiden Strategien ziemlich dicht gegen anderslautende Informationen. Sie nehmen nur das wahr, was sie bestätigt. Statt ihre Strategie zu ändern, wechseln sie normalerweise nur die Intensität ihrer Lieblingsstrategie und nehmen damit lediglich mehr oder manchmal weniger vom Gleichen. Das führt geradewegs nirgendwohin.

Hier kann ein kurzer Ausblick auf den Freund uns den Ausweg zeigen. Er vereint die Strategie Fordern mit der Strategie Fördern und schafft damit ein neues größeres Ganzes:

Überförderer
"du kannst das" & *"ich mach das für dich"*

Überforderer
"mach das!"

Freund
"du kannst das" & *"darum will ich das sehen"*

Haubentaucher

Haubentaucher vermeiden soziale Interaktionen. Sie fördern nicht und sie fordern nicht. Sie arbeiten. Haubentaucher sind konstruktive Menschen, die sich aber nicht gerne um andere kümmern und lieber ihre Arbeit machen.

Dennoch sind sie Energieverbraucher in einem Team. Die Ablehnung von eigenen aktiven sozialen Kontakten macht sie nämlich nicht unabhängig von Lob und Anerkennung. Sie brauchen beides wie jeder andere Mensch auch, tragen aber ihrerseits nicht gerne ebensolches bei. Dadurch verbrauchen sie Energie, die von anderen geliefert werden muss.

Dort wo Überförderer, Überforderer und Freunde sich manchmal besser, manchmal schlechter äußern und wo alle drei auf ihre ganz unterschiedliche Weise versuchen, etwas zum Teamspirit beizutragen, wählen Haubentaucher eine ganz andere Vorgehensweise: sie schweigen!

Daher kommt auch ihr anfangs verblüffender Name. Der Haubentaucher ist ein Wasservogel[13], der an einer Stelle untertaucht und an einer anderen Stelle wieder an die Wasseroberfläche kommt. Meistens sind das nur ein paar Meter, es kann aber auch viele Meter entfernt sein. Ähnlich unterschiedlich verhalten sich auch menschliche Haubentaucher. Sie verschwinden manchmal völlig von der kommunikativen Oberfläche. Konflikte mögen sie eher nicht und tragen sie durch störrisches Ignorieren aus.

Haubentaucher sind häufig Know-How-Träger, weil sie durch ihre Konzentration auf die Arbeit und durch ihr langes Zuhören viel Zeit mit Lernen verbringen. Allerdings kann es schwierig sein, ihnen dieses Wissen und Können zu entlocken. Mit der Konzentration verbinden sie oft eine gewisse Sturheit. Weil sie sich im Dialog nicht wohlfühlen und mangels Übung auch nicht besonders wortgewandt sind, geben sie in Diskussionen bald auf, was man nicht mit Zustimmung verwechseln darf. In ihrem Inneren tobt der Streit oft noch lange weiter und dort gewinnen sie ihn dann natürlich leichter als in der ungewohnten äußeren Konfrontation.

Haubentaucher können ein Gespräch oder einen Vortrag mit den überraschenden Worten beginnen: *„Wie gesagt, …"* obwohl noch gar nichts gesagt worden war. Die Haubentaucher setzen einfach ihren inneren Dialog fort, gar nicht wahrnehmend, dass sie damit den oder die Zuhörer überfordern.

Freunde

Sie kombinieren die beiden Strategien Fordern und Fördern. Sie nehmen aus beiden Strategien die Stärken und lassen die jeweiligen Schwächen hinter sich.

Freunde sind an beidem interessiert,
an den Menschen ihrer Umgebung
und am Ergebnis des gemeinsamen Tuns.

Sie sind nicht bereit, das Eine für das Andere zu opfern. Sie wissen, dass dieses Opfer im Normalfall auch gar nicht notwendig ist. Im Gegenteil, Freunde beweisen immer wieder, dass sich die beiden Strategien hervorragend ergänzen und sich nur durch diese Kombination das wirkliche Potenzial eines Teams und einer Situation ausschöpfen lässt.

Dadurch kümmern sich Freunde intensiv um die sie umgebenden Menschen und ihre Potenziale. Sie energetisieren diese durch ihren starken Glauben an die Kräfte, die in jedem Menschen stecken. Sie erhöhen das Selbstvertrauen und reduzieren damit Angst und Zweifel. Sie machen aus Problemen schlichte Arbeit, statt Sorgen bleiben lediglich zu erledigende Schritte über. Dieses aktive Interesse an den Menschen unterscheidet sie von den reinen Forderern.

In gleicher Weise kümmern sie sich um die zu erreichenden Ziele. Sie wissen, dass es nicht genügt, über Potenziale zu verfügen, wenn diese nicht realisiert werden. Die Gräber der Friedhöfe sind voll von nicht gelebten Möglichkeiten. Dieses Wissen unterscheidet sie von den reinen Förderern.

Freunde setzen ihr Wissen und ihre Interessen aktiv in ihrem Kommunikationsverhalten um. Sie kombinieren ständig Förder-Impulse mit Forder-Impulsen. Sie wissen, dass beide zusammen die beste Form der Unterstützung sind, die man einem Menschen und einem Team angedeihen lassen kann.

Die Bedeutung des Vertrauens für einen Freund

Die beiden Extremtypen des Überförderers und Überforderers vergeuden enorme Energien mit der Frage der Schuld. Sie unterscheiden sich nur darin, wem sie die Schuld geben. Die Überförderer geben sich selbst die Schuld, die Überforderer den anderen Beteiligten und wenn solche einmal nicht zu finden sind, dann sogar Unbeteiligten.

Freunde interessieren sich nicht für die Frage der Schuld. Sie sehen Ursachen und Zusammenhänge, aber keine Schuld. Sie verwenden die dadurch ersparte Energie für Vertrauen. Freunde wissen, dass Vertrauen die wichtigste Voraussetzung dafür ist, anderen Menschen komplexe Aufgaben anzuvertrauen. Ohne Vertrauen wird man sie nur herumkommandieren.

Vertrauen führt dazu, dass eine Führungskraft Ziele und nicht mehr bloße Handlungsanweisungen an die Mitarbeiter weitergibt.

Worin liegt der Unterschied? Ziele lassen den Weg offen, sie geben dem Team einen Entscheidungsspielraum bei der Verfolgung der Ziele. Tätigkeiten dagegen sind konkrete Anweisungen, die im Detail regeln, was zu tun ist. Sie entmündigen den Mitarbeiter, weil er/sie ganz deutlich spürt, dass man ihm nichts zutraut.

Wenn man einer Putzfrau vorgibt, dass sie den Boden zu wischen hat und welche Kästen abzustauben sind, dann arbeitet sie diese Aktionen roboterhaft ab. Sie kann nichts entscheiden, nicht reagieren, wenn einmal die Voraussetzungen anders sein sollten. Wenn man ihr dagegen die Reinigung oder noch besser, die Sauberkeit oder noch besser, die Schönheit des Raumes anvertraut, dann kann sie weit über das Bodenwischen hinausgehen. Sie kann Vorschläge machen, wie sie

> *den Job am besten erledigen kann. Sie kann ihre Bedeutung für das Unternehmen erkennen und stolz sein auf das, was sie macht.*

Vertrauen führt zum multiplikativen Führungsstil, den wir schon ausführlich besprochen haben.

Vertrauen hat nichts zu tun mit blinder Naivität. Es wäre unvernünftig, einen Menschen ahnungslos und unvorbereitet in eine neue Aufgabe zu stoßen, ohne ihn aufmerksam zu beobachten und zu unterstützen.

> *Manche Chefs pendeln immer wieder zwischen „selber machen" (die sogenannten MILS-Manager[14]) und „etwas loswerden". Sie sind entweder so intensiv dabei, dass kein anderer Mitarbeiter mehr etwas beitragen kann oder sie kümmern sich gar nicht.*
>
> *Damit wechseln sie zwischen zwei für den Erfolg tödlichen Haltungen. Durch das Selber-machen werden sie schnell zum alles entscheidenden Engpass. Alles geht über ihren Tisch, sie sind zeitlich überfordert. Außerdem sind sie zwangsläufig auch inhaltlich überfordert. Niemand kann alles und vor allem kann niemand alles am besten. Kann ein bestimmter Chef doch alles am besten, dann ist sein Team unterqualifiziert.*
>
> *Das andere Extrem, Delegieren im Sinne von loswerden, ist genauso schlimm. Solche Manager werfen ihren Teams die Aufgaben hin wie einem Hund einen Knochen. Los, friss, im Business sprachlich wohl eher so: das will ich erledigt haben! Kein Kümmern, kein Bestärken, keine wirklich interessierten Rückfragen, ob alles klar ist, sondern höchstens ein „Ich nehme an, damit ist alles klar?", auf das kein Mensch wagen würde, nein zu sagen.*

Es ist immer sinnvoll, mit einem Team klare Feedbacktermine zu vereinbaren, an denen den Vorgesetzten berichtet wird.

Diese können zeitlich definiert sein (*„Ich hätte gerne eine kurze Sitzung dazu in einer/zwei Woche/n"*) oder anlassbezogen (*„Wenn dieser Zwischenstand erreicht ist, hätte ich gerne einen 2-seitigen Bericht"*).

Freunde spüren, dass reine Förderung arrogant ist und die Möglichkeiten der Menschen gering schätzt. Reine Förderer halten sich selbst für belastbarer und für leistungsfähiger als die Menschen rund um sie herum. Diese Einschätzung teilen Freunde nicht. Sie trauen Menschen etwas zu, nicht nur theoretisch und unter anderen Umständen, sondern hier und jetzt. Sie wissen um die Freude der Selbstrealisation und den Stolz, der aus einem Beitrag zum gemeinsamen Erfolg entsteht. Daher verteilen sie die anstehende Arbeit so gut und gerecht es geht unter den Mitgliedern des Teams. Jeder/jede soll seine/ihre Chance bekommen, einen unverwechselbaren und bedeutenden Beitrag zum Erfolg zu leisten. Das erfordert natürlich auch Konsequenzen, wenn jemand diese Chance nicht nützt und dadurch den Gesamterfolg gefährdet. Auch davor scheut ein Freund nicht zurück. Er trägt Konflikte aus, um sie zu beenden. Er sucht keine Schuldigen, sondern Lösungen. Ursachen interessieren ihn nur insoweit, als sie notwendig sind, um Probleme nächstes Mal zu vermeiden.

Freunde wissen, dass reines Fordern ebenso arrogant ist, wie reines Fördern und dass beides die wirklichen Potenziale der Menschen ignoriert. Sie sind daher großzügig im Verteilen von Lob und Anerkennung. Sie freuen sich über die Erfolge Anderer und haben keine Angst vor hervorragenden Mitarbeitern in ihren Teams.

Freunde wissen, dass Menschen ihr Selbstbild im Spiegel ihrer Umwelt entwickeln. Wenn dieser Spiegel den Menschen ein düsteres, desinteressiertes Bild zeigt, dann verlieren sie langsam aber sicher den Kontakt zu ihrer Kraft. Wenn sie nie gut genug sind, dann beginnen sie das zu generalisieren und denken, das würde wohl immer so sein.

Daher zeigen Freunde ihren Familien, Partnern und Teams ein Bild sowohl von den vorhandenen Potenzialen aber auch von den ungenutzten Chancen und von den Risiken, die sie erkennen können.

Sie sprechen mit Respekt mit anderen Menschen und fordern diesen Respekt auch zurück. Erneut sehen wir hier die Kombination der beiden Strategien. Forderer denken meistens gar nicht an Respekt, sie nehmen die Menschen ihrer Umgebung ja gar nicht als Menschen wahr. Förderer sprechen zwar selber respektvoll, fordern diesen Respekt aber umgekehrt nicht ein.

Freunde verlangen ein Gleichgewicht, weil ihnen die Arroganz der beiden simplen Einzelstrategien fremd ist. Freunde haben eine klare Weltsicht:

Freunde wissen, dass sie selber nicht anders und schon gar nicht besser sind als ihre Teams. Sie sehen daher keinen Grund, andere Menschen besser oder schlechter zu behandeln als sie behandelt werden wollen.

Letztlich gehorchen Freunde damit der uralten und immer wieder formulierten goldenen Regel, die in allen großen Weltreligionen ausgedrückt wurde: man soll alle Menschen so behandeln, wie man selber behandelt zu werden wünscht.

Freunde haben nur einen einzigen Nachteil. Sie sind selten. Sie werden in kurzzeitigen Beziehungen häufig missverstanden. Reine Förderer finden sie zu streng und reine Forderer finden sie zu verständnisvoll.

Sie brauchen ein hohes Energieniveau, weil sie beide Strategien bedienen müssen. Dadurch brauchen sie auch Zeiten der Erholung und innere und äußere Orte der Kraft, in denen sie die Energiespeicher wieder auffüllen können.

Die wesentlichen Instrumente der Strategie Fördern: Zeit, Zuhören, PALES

In der Tiefe der beiden Strategien geht es um Werthaltungen. Fördern betont den Menschen, Fordern seine Realisation. Wenn man beides verstanden hat, dann fehlen nur noch Instrumente, die diese Werte erlebbar machen. Sie sind Hilfsmittel, die sich bewährt haben, die aber später in ihrer Bedeutung zurücktreten, wenn man seinen eigenen Weg gefunden hat.

Die wesentlichen Instrumente der Strategie Fördern sind:

- Zeit
- Zuhören
- PALES

Zeit

Der Faktor Zeit ist generell für Beziehungen viel bedeutsamer als man gemeinhin annimmt. Führung ist eine spezielle Form von Beziehung und unterliegt damit ebenfalls der Bedingung Zeit. Beziehungen können nicht befohlen werden. Sie entstehen auch nicht spontan und schnell. Sie brauchen Zeit, um sich entwickeln und reifen zu können. Beziehungen sind ein Ausdruck von Vertrauen. Schlechte Beziehungen beruhen auf mangelndem Vertrauen, gute Beziehungen verfügen über viel Vertrauen. Vertrauen ist möglicherweise das größte Geschenk, das Menschen sich gegenseitig gewähren können.

Vertrauen ist aber nicht immer einfach. Es wird im Laufe unseres Lebens immer wieder enttäuscht. Diese Enttäuschungen beginnen mit der Nichterfüllung des Kontinuums in unserer Kultur schon sehr früh. Das auf diese Weise verlorene Vertrauen ist nicht so ohne Weiteres und im Schnellsiedeverfahren wiederzugewinnen. Es muss in kleinsten Portionen getestet werden. Ständig entscheiden die inneren Instanzen über stopp or go, über lassen wir's, oder gehen wir weiter.

Wenn die Zeit dafür nicht da ist, dann kann dieser subtile Prozess nicht in Gang kommen.

Zeit FÜR Mitarbeiter
ist nur dann wirklich Zeit für diese,
wenn es Zeit MIT diesen ist![15]

Daher muss für Führung ausreichend Zeit investiert werden. Sobald Menschen Zeit miteinander verbringen, entsteht ein Band zwischen ihnen. Dieses Band ist deutlich spürbar, wenn es entsteht und solange es existiert. Sein Fehlen ist meistens nicht offensichtlich sichtbar und die entstehende Lücke wird nur diffus wahrgenommen, wenn es fehlt. Was man manchmal wahrnimmt, ist das Verschwinden, aber auch das setzt Aufmerksamkeit voraus, die man nicht hat, wenn man keine Zeit hat.

Für etwas keine Zeit zu haben, ist immer ein Ausdruck mangelnder Priorität. Zeit ist immer im selben Ausmaß da. Niemand hat mehr als 24/7, niemand weniger. Wenn wir also für unsere Teams oder Familien dauerhaft zu wenig Zeit haben, dann ist das der Ausdruck einer geringen Priorität, einer geringeren Wichtigkeit als wir sie anderen Terminen oder Projekten zuschreiben.

Führung erfordert klare Entscheidungen. Jeden Tag ist für Führung Zeit zu reservieren. Ob das jetzt 20 oder 120 Minuten oder mehr sind, das kann jeder Vorgesetzte nur für sich selbst entscheiden. Wenn ein Vorgesetzter diesbezüglich keine klare Entscheidung trifft, dann wird er nach kurzer Zeit das Wichtige wieder verschieben und sich ausschließlich dem Dringenden widmen.

Zuhören

Zuhören ist mehr als bloßes Hören. Zuhören ist Verstehen-wollen. Zuhören geht über die Interpretation und Analyse von Schallwellen deutlich hinaus. Die Intensität unseres Zuhörens zeigt unseren Gesprächspartnern, wie wichtig sie uns sind.

Manager haben generell die Tendenz, schlecht zuzuhören. In falsch verstandener Effizienz hören sie nur die erste Hälfte eines Satzes und meinen danach, schon Bescheid zu wissen. Oder sie telefonieren nebenbei, lesen in Unterlagen, benehmen sich generell respektlos. Alles das vermittelt schreckliche Details über die vom Manager empfundene Bedeutungslosigkeit des Gesprächspartners.

Wenn Eltern das auch mit ihren Kindern so handhaben, dann sind die Folgen für die kindliche Selbstachtung katastrophal. Was die grassierende Handyseuche da noch anrichten wird bzw. schon angerichtet hat, mag man sich nicht vorstellen. Man sieht kaum noch eine Mama mit Kinderwagen, die nicht das Handy am Ohr hat. Das Kind wird geschoben wie ein Einkaufswagen und wird sich wohl auch so fühlen wie dessen Inhalt. Die betriebswirtschaftliche Einordnung menschlicher Arbeitskraft auf der Ebene von Schmiermitteln hat auf diesem Wege nunmehr auch die Familien erreicht.

PALES

PALES ist die weltweit erste Einheit für Nettigkeit/Liebenswürdigkeit. Das Wort ist ein Akronym und bedeutet

**PALES heißt:
ein personenbezogenes, aktives, liebenswürdiges,
energetisches Statement**

Wann immer man also eine freundliche Bemerkung zu einem Menschen macht, entspricht das einem PALES.

Man sollte die Wirkung eines PALES nie unterschätzen. Es trifft üblicherweise ins Mark des Gegenübers. Menschen speziell unseres Kulturkreises sind nette Bemerkungen nicht gewöhnt. In unserer verkopften Welt aus intellektuellen Menschen sind kritische Bemerkungen jederzeit zulässig. Sie zeigen angeblich die Fähigkeit, mitzudenken und sich eigene Gedanken zu machen. In Wahrheit aber hat sich diese Tendenz längst verselbstständigt und kritische Bemerkungen sind Mainstream.

> *Damit Rezensionen auf Amazon von vielen Kunden positiv markiert werden, müssen sie überwiegend kritisch sein. Wer nur lobt, kommt weniger gut weg, wer nur kritisiert, ebenso. Es scheint also einen bestimmten Ton zu geben, der objektiv und wahr klingt. Und dazu gehört ein überwiegend kritischer Stil, aber eben doch nicht ganz.*

Zu positiven Bemerkungen gehört viel mehr Mut als zu Kritik. Menschen aus aller Welt äußern in meinen Veranstaltungen immer wieder die Angst, dadurch eventuell korrupt oder schleimig zu erscheinen.

Wenn diese Haltung mehr und mehr um sich greift, bis niemand es mehr wagt, irgendeine positive Bemerkung zu machen, bleibt von einer menschenwürdigen Welt wenig übrig.

PALES machen den vielleicht größten Unterschied, den wir kommunikativ machen können.

Das wesentliche Instrument der Strategie Fordern: das Licht/Schwert

Was für Forderer natürlich ist, dazu brauchen Förderer vor allem anfangs ein praktisch einsetzbares Hilfsmittel. Ich nenne diese Maßnahme das LICHT/SCHWERT. Der Begriff setzt sich zusammen aus den Worten Licht und Schwert.

Das Wort Licht steht für Klarheit in den Aussagen. Wenn man nicht klar sagt, was man will, dann darf es niemanden wundern, wenn es dann auch nicht passiert.

> *„Ich brauche den Bericht möglichst bald" ist definitiv keine klare Aussage. „Ich brauche den Bericht spätestens Donnerstag früh um 08.00 Uhr" ist klar verständlich und auch einfach überprüfbar.*
>
> *Wenn der Bericht dann aber schon zur Bank gehen soll und sie ihn zuvor noch lesen wollen und er eventuell noch überarbeitet werden muss, dann sollten Sie ihn für „spätestens Mittwoch um 9.00 Uhr morgens" anfordern und hinzufügen, dass der betreffende Mitarbeiter sich danach zur Verfügung halten möge, damit allfällige Änderungen eingearbeitet werden können.*
>
> *„Die Informationen über die Kundenbesuche sind völlig unbefriedigend" ist zwar eine verständliche Klage, der Aufforderungscharakter fehlt aber völlig. Vergleichen Sie das mit dem Satz „Nach jedem Kundenbesuch sind die wesentlichen Ergebnisse auf unserem Kundenportal einzutragen".*

Das Wort Schwert steht für die allfälligen Konsequenzen, falls der Anordnung nicht Folge geleistet wird. Ein verbreiteter Irrtum besteht darin, dass diese Konsequenzen immer vorher angedroht werden müssen, damit man sie dann auch ergreifen kann.

Es ist im Gegenteil so, dass Konsequenzen gar nicht notwendig sein sollten. Wenn Ihre Anordnungen klar genug sind, dann brauchen Sie sich mit dem Gedanken an Konsequenzen gar nicht befassen.

Was wäre denn das für ein Klima, in dem man jede Anordnung mit Drohungen verbinden muss? *„Wenn ihr das und das nicht macht, dann passiert dies oder jenes!"* Eine entsetzliche Vorstellung.

Was mit dem Schwert gemeint ist, ist die *Bereitschaft* zu Konsequenzen, der Mut, diese zu ziehen, wenn es denn notwendig sein sollte. Generell sollte die Sache auch ohne Konsequenzen funktionieren.

Konsequenzen sind vor allem dort notwendig, wo Führung noch nicht etabliert ist, wo die Struktur der Gruppe also noch unklar ist.

Unter Kontinuum-basierender Führung sind Konsequenzen wegen mangelnder Disziplin die absolute Ausnahme.

Dieser Zusammenhang kann nicht genug betont werden: Solange Konsequenzen notwendig sind, ist die hier angesprochene klare Führung noch nicht etabliert. Konsequenzen sind ein Zeichen, dass die Struktur noch nicht klar ist.

Wenn Menschen das erste Mal von Kontinuum-basierender Führung hören und über das Licht/Schwert hören, dann entsteht in diesen Zuhörern oft das Bild einer aggressiven und von Drohungen beherrschten Atmosphäre. *„Wenn du das nicht machst, dann passiert was!"* „Wenn Sie diesen Auftrag nicht pünktlich erledigen, dann kriegen Sie ernste Probleme".

Was vor den inneren Augen der Zuhörer entsteht, ist aber genau das Bild einer nicht geführten Familie oder eines nicht geführten Teams. Dort sind diese ständigen Drohungen an der Tagesordnung. In einem Kontinuum-basierend geführten Team passiert genau das nicht! Es ist entspannte Kooperation, die das Bild prägt.

Das Schwert ist also lediglich die Bereitschaft zu Konsequenzen, wenn es denn einmal notwendig sein sollte, nicht deren permanente Androhung.

Konsequenzen sind nie zu verwechseln mit Strafen.

Strafen sind rachegetrieben, sie blicken nach hinten. Konsequenzen sind lerngetrieben, sie sind Kommunikationswerkzeuge, um die Bedeutung bestimmter Regeln klar zu machen.

Solange Vorgesetzte nur reden, bleibt die Botschaft im Ungefähren. Erst konkrete Aktionen lassen den wirklichen Ernst erkennen.

Der Weg zum Freund

Es ist nach dem Gesagten wohl offensichtlich, dass die Position des Freundes die erfolgreichste Position in der Matrix darstellt. Es macht daher Sinn, sich zu fragen, wie man schnell und sicher dorthin gelangt. Generell gilt folgendes:

Ausgehend von der aktuellen Einschätzung ist die stärkere Strategie beizubehalten und die schwächere Strategie zu ergänzen.

Was banal klingt, wird meist völlig anders herum gehandhabt. Menschen mit einer stark ausgeprägten Einzelstrategie verzweifeln früher oder später und machen dann den Fehler, diese Strategie ganz fallen zu lassen.

*   Förderer verkünden, dass sie sich nie wieder werden ausbeuten lassen. Sie sind die längste Zeit das Opfer für alle gewesen und *„jetzt ist endgültig Schluss damit"*.
*   Forderer verkünden sinngemäß dasselbe, auch wenn die Richtung ganz eine andere ist. *„Okay, wenn ich zu direktiv bin, dann wollen wir doch mal sehen, wie es ohne mich geht. Das sehe ich mir in Ruhe an."*.

Beides geht regelmäßig schief. Die Förderer bekommen umgehend ein schlechtes Gewissen ob ihres Widerstandes. Wenn sie daran denken, dass sie ausgebeutet werden, dann schwächen sie diese Erkenntnis umgehend: Das meinte ja niemand böse! Und schon fallen sie wieder in ihre alten Gewohnheiten zurück.

Die Forderer haben ihre Mannschaften nicht im Mindesten auf die neu gewonnene Freiheit vorbereitet und haben es in Wahrheit ja auch gar nicht ernst gemeint. Das spürt das Team und hält sicherheitshalber die Füße still. Nur jetzt keinen Fehler machen, ist die sehr vernünftige

Devise. Also erhalten die Forderer die ersehnte Bestätigung, dass sie unentbehrlich sind und machen umgehend so weiter wie bisher.

Beide Strategien haben ihre Berechtigung. Es macht keinen Sinn, sie zurückzuschneiden und das wird üblicherweise auch nicht durchgehalten.

Beide Strategien sind Stärken. Sie sind zu pflegen statt zu kürzen. Der Weg muss in Richtung Freund führen und erfordert daher immer ein Hinzufügen der schwächer ausgeprägten Strategie statt eines Zurückschneidens der stärkeren.

Förderer müssen fordern lernen.
Forderer müssen fördern lernen.

Der ideale Weg kombiniert zuerst eine Dosis Fördern mit einer darauffolgenden Dosis Fordern.

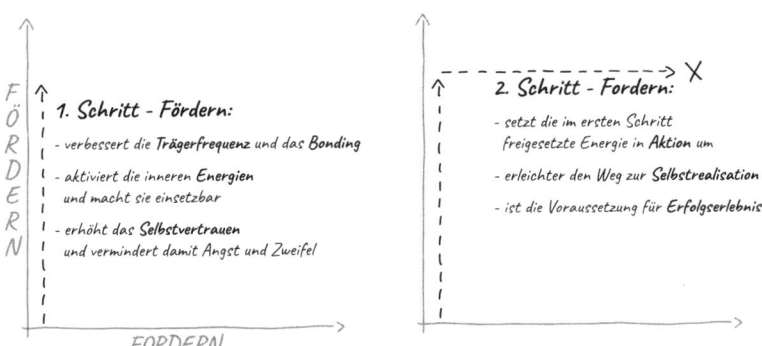

Erst die konsequente und kombinierte Anwendung beider Strategien vermittelt den Mitgliedern in den Teams, dass sie geschätzt werden und ihnen tatsächlich etwas zugetraut wird.

Der destruktive Quadrant

In diesem Kapitel geht es um den destruktiven Quadranten links unten. Auch wenn die Bewohner dieses Quadranten das nicht so zugeben würden, ist ihre primäre Motivation die Zerstörung. Sie zerstören Projekte, Ideen, Begeisterung, Motivation und – als schmerzhafteste Konsequenz – Menschen. Ich nenne die Bewohner dieses Quadranten Energievampire, weil sie ihre Opfer durch den Entzug von Lebensenergie lähmen und beherrschen.

Dieser Energieentzug ist es, der den Umgang mit destruktiven Menschen für viele ihrer Opfer so schwierig macht. Die eigentlich einfache Regel, diese Menschen zu meiden, wird selten befolgt, weil die dazu notwendige Energie bei den Opfern nicht vorhanden ist.

Der destruktive Quadrant drückt eine Lebenshaltung aus und keine vorübergehende, z. B. durch einen Misserfolg ausgelöste Frustration. Ich spreche hier von einer tief im Wesen einer Person verankerten Unlust am Leben. Sie wird ausgelöst durch Verletzungen des Kontinuums, vor allem in sehr frühen Lebensphasen.

Durch besonders starke traumatisierende Ereignisse oder weil sie besonders sensibel darauf reagieren, können Menschen ihr Vertrauen in das Leben weitgehend verlieren. Dieses Vertrauen ist zwar tief versteckt in ihrem Bewusstsein noch da, aber es kommt nicht mehr zum Ausdruck. Dieser Verlust an Vertrauen führt dann zur destruktiven Weltsicht.

Eine destruktive Weltsicht ist nicht
ein Mehr an Irgendetwas,
sondern ein Weniger an Vertrauen.

Eine destruktive Weltsicht ist eine mentale, hoch ansteckende Krankheit, die durch Kontakt übertragen wird. Das muss kein persönlicher Kontakt sein, es genügen Briefe, E-Mails, Botschaften über andere soziale Kanäle.

Wie kann es dazu kommen, dass Menschen ansteckend negativ werden? Jede Verletzung des Kontinuums löst tiefen Stress aus, dem man als kleines Kind nicht entkommen kann. Weder Fliehen noch Kämpfen sind einsetzbare Möglichkeiten. Man kann die Angst und Frustration nur in sich einsperren.

Solche Menschen reagieren dann sehr oft nicht auf das, was im Hier und Jetzt passiert, sondern fallen innerlich zurück in die Vergangenheit. Sie vermischen oder verwechseln das, was jetzt gerade passiert, mit unerledigten früheren Geschehnissen.

Soldaten, die in ihrer Dienstzeit extremem Stress ausgesetzt waren und die ihre Angst und Wut über die Gefahr und das Sterben ihrer Kollegen und Freunde nicht verarbeiten konnten, können durch das Knattern eines vorbeifahrenden Mopeds dazu veranlasst werden, sich in den Straßengraben zu werfen. Der für alle anderen Passanten zwar störende, im Übrigen aber bedeutungslose Lärm der Fehlzündungen wirkt für manche Veteranen als Auslöser verdrängter Erinnerungen an Gewehrfeuer und die damit verbundenen Stresssituationen.

Eine der berühmtesten Geschichten über die handlungsleitenden Konsequenzen verdrängter Traumen handelt von einem Veteranen, der eine Tankstelle überfiel und sich danach widerstandslos festnehmen ließ. Einem aufmerksamen Polizisten fiel auf, dass derselbe Mann schon seit geraumer Zeit JEDES Jahr am selben Tag eine Tankstelle überfallen hatte und sich festnehmen hatte lassen. Es stellte sich heraus, dass er damit – ohne sich dessen bewusst zu sein – eines furchtbaren Erlebnisses während seiner aktiven Laufbahn als Soldat gedachte, das am selben Datum stattgefunden hatte.

An der Oberfläche ereignet sich also scheinbar Folgendes:

$$\textit{Ereignisse} \xrightarrow{\text{führen zu}} \textit{aktuellen}$$
$$\textit{im Hier und Jetzt} \qquad\qquad \textit{Reaktionen}$$

Es sieht für den betroffenen Menschen so aus, als würde er auf die Ereignisse seiner Umwelt reagieren. Dadurch macht sein Verhalten für ihn Sinn. Er sieht sich als Opfer der Umstände, auf die er in einer bestimmten Weise reagieren muss.

Tatsächlich spielt sich aber unter der Oberfläche des Bewusstseins folgendes unsichtbares Drama ab:

$$\textit{Ereignisse im Hier und Jetzt} \xrightarrow{\text{erinnern an}} \textit{verdrängte Erlebnisse} \xrightarrow{\text{führen zu}} \textit{aktuellen Reaktionen}$$

Die Wahrnehmung der Umwelt wird ersetzt durch das, was diese Umwelt im Inneren der Person auslöst und nur auf diese inneren Prozesse wird dann reagiert. Weil diese inneren Prozesse aber unsichtbar bleiben müssen, hat der betreffende Mensch den Eindruck, er reagiere sehr wohl auf das, was „da draußen" vorgeht.

Das Hier und Jetzt kommt also fast nur noch als unwesentliche Randbedingung vor. Für Dritte sieht die ganze Situation aber wie ein ganz normales – meistens aber unangemessenes – Reagieren auf eine unabhängige Realität aus.

Weil Destruktivität so völlig anders ist als Konstruktivität, müssen auch die Umsetzungsstrategien völlig andere sein. Die Grundidee ist nicht mehr Design und Aufbau und Zielerreichung, sondern Zerstörung.

Destruktive Menschen nehmen sich und ihr Verhalten in aller Regel nicht als Zerstörung wahr. Sie glauben ihre Umgebung vor den Schrecknissen bewahren zu müssen, die in hohen Zielen, in Lebensfreude und generell in allem Neuen liegen. Dadurch fühlen sie sich immer im Recht. In ihrer subjektiven und durch ihre

Vergangenheit eingefärbten Wahrnehmung tun sie Gutes, zu dem sich sonst niemand bereitfindet.

Der destruktive - linke untere - Quadrant wird eingerahmt durch die beiden Strategien Zerstörung durch emotionale und Zerstörung durch physische Gewalt. In diesem Quadranten finden wir keine positiven Impulse. Er ist offensichtlich ausschließlich durch Gewaltanwendung gekennzeichnet. Für unsere Zwecke ist es unnötig, die verschiedenen Ausprägungen dieser Gewalt näher zu unterteilen. Jede Anwendung von Gewalt zerstört beide Teile, das Opfer und den Täter.

Wir werden im Folgenden im Gegensatz zur herrschenden Kultur keinen Unterschied zwischen emotionaler Gewalt und physischer Gewalt machen. Emotionale Gewalt ist um nichts weniger zerstörerisch als physische Gewalt. Weil sie sich oft durch vorgespielte Besorgnis und geradezu Liebenswürdigkeit tarnt, ist sie weniger leicht bekämpfbar und damit vielleicht sogar die gefährlichere Variante.[16]

Ich unterteile diesen Quadranten nur durch die Intensität der zerstörerischen Kommunikation. Wenn die Intensität der Gewaltanwendung geringer ist, dann ist es auch die zerstörerische Wirkung. Sie ist nichtsdestotrotz vorhanden.

Sie ist besonders zerstörerisch, wenn sie von Personen ausgeübt wird, denen im Kontinuum besondere Bedeutung zukommt, die im Kontinuum dazu berufen sind, das Team zu beschützen, also speziell die Alpha- und Beta-Mitglieder der Gruppe. Im Privaten sind das die Eltern, im Geschäftsleben die Vorgesetzten. Wenn sie destruktive Verhaltensweisen zeigen, dann enttäuschen sie die anderen Mitglieder des Teams auf der tiefen Ebene des Kontinuums.

In der folgenden Grafik werden die beiden Strategien und die beiden Typen des Quadranten optisch dargestellt.

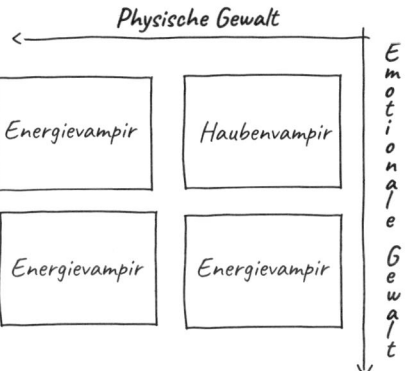

Physische Gewaltanwendung

Physische Gewalt beschränkt sich im Leben durchschnittlicher Menschen auf die Familie. Überall anders hat der Staat das Gewaltmonopol. In der Familie dagegen sind Übergriffe an der Tagesordnung.

Sie zerstören das Vertrauen der betroffenen Menschen in das Leben, weil sie vollkommen dem Kontinuum widersprechen. Nur Menschen, die selber durch dieselbe Mangel gedreht wurden, können diese Tatsache übersehen. Es ist die durch die eigenen Erlebnisse erworbene selektive Blindheit gegenüber den Inhalten der eigenen Verdrängungen, die uns dazu bringt, einfachste Tatsachen nicht wahrzunehmen.[17]

Physische Gewalt traumatisiert auf furchtbare Weise. Sie zerstört einerseits die Selbstachtung und andererseits das Vertrauen in das Leben selbst. Die Auswirkungen auf das spätere Leben der Betroffenen werden kulturell vollkommen unterschätzt. Die seuchenartig um sich greifenden mentalen Probleme moderner Menschen werden reflexartig anderen Ursachen zugeschrieben. Die Verletzung des Kontinuums ist kaum einmal als Ursache anerkannt, wenn jemand ausrastet.

> *Dazu zwei bekannte Beispiele:*
>
> *Wenn man die amerikanische Diskussion über die wiederkehrenden verheerenden Ereignisse an Schulen betrachtet, bei denen einzelne Schüler Lehrer und Mitschüler ermorden, bevor sie sich selber töten, dann beschränkt sie sich auf die Frage, ob Waffen verboten werden sollen oder nicht. Die Frage, warum ein junger Mensch so ausrastet, dass er vor seinem Selbstmord noch zahlreiche andere Menschen töten muss, wird nicht gestellt.*
>
> *Durch Selbstmord sterben mehr Menschen als im Straßenverkehr. Dennoch wird die Problematik der im Straßenverkehr für den Abtransport der Opfer benötigten Hubschrauberstaffeln ausführlicher diskutiert als die Selbstmordfrage.*

Wir weichen in unserer Gesellschaft den Ursachen so weit wie möglich aus. Sogar ein Mann wie Sigmund Freud, der anfangs (1902) noch ganz klar erkannte, dass Kinder in unglaublichem Ausmaß missbraucht werden, korrigierte sich sehr bald und schrieb danach den restlichen Teil seines Lebens lang den Missbrauch den sexuellen Bedürfnissen der Kinder zu, wenn er ihn nicht überhaupt als Fantasien der Opfer abtat. Diese, als Psychoanalyse bekannt gewordene, schreckliche Verzerrung ist nach wie vor eine der wenigen weltweit anerkannten Therapieformen.

Emotionale Gewaltanwendung

Während physische Gewalt zumindest außerhalb der Familiengrenzen allgemein geächtet ist, kommt emotionale Gewalt erst langsam ins öffentliche Bewusstsein. Erst seit Kurzem ist Mobbing von den Vorgesetzten zu bekämpfen, wenn sie sich nicht selber strafbar machen wollen. Diese Entwicklung ist sehr zu begrüßen.

Emotionale Gewalt in Form von Demütigung, Zynismus und Ironie ist in den Auswirkungen physischer Gewalt gleichzustellen. Auch sie zerstört die Selbstachtung der Betroffenen und ihr Vertrauen ins Leben.

Wie physische Gewalt ist auch emotionale Gewalt im Kontinuum nicht vorgesehen. Alphas haben ihr Team zu beschützen. Jede Form der Gewaltanwendung, die nicht ganz klar dem Schutz des Teams dient, ist genau das Gegenteil davon. Darum erzeugt Gewalt durch ihren Gegensatz zum Kontinuum eine subjektiv empfundene falsche Welt, wie sie hier schon mehrfach beschrieben wurde.

Physische Gewalt wird leichter als Verbrechen erkannt als die oft erstaunlich gut getarnte emotionale Gewalt. Wir haben im Umgang mit emotionaler Gewalt weniger Erfahrung. Sie verbirgt sich häufig hinter scheinbarer Sorge und Liebenswürdigkeit. Sätze wie „ich meine es ja nur gut" oder „wenn ich dich schlagen muss, dann tut es mir mehr weh als dir" sind typische Beispiele für diese Technik, den Opfern ein schlechtes Gewissen zu machen.

Wenn Vergewaltiger den missbrauchten Kindern sagen, dass sie schweigen müssen, weil die Mama sonst traurig wird, dann kombinieren sie beide Strategien auf besonders abstoßende Weise.

Für die Opfer von Gewalt ist oft die Tatsache, dass andere Familienmitglieder, sehr häufig die Mütter, die Kinder nicht beschützen, besonders schmerzhaft. Im Buch „Wir Kinder vom Bahnhof Zoo"[18] erzählt die Hauptperson Christiane F., wie ihr Vater sie wieder einmal quälte und wie sie fassungslos hörte, dass ihre Mutter die Wohnung verließ. Dieses Erlebnis war stärker als die eigentliche Angst vor ihrem wahnsinnigen Vater.[19] Auch bei sexuellem Missbrauch gibt es in aller Regel Mitwisser, die aber selten einschreiten, was die Opfer in gleicher Weise verstört und fassungslos macht wie der eigentliche Missbrauch.[20]

Ich erwähne diese Beispiele, weil dieses Nicht-Unterstützen eine spezifische Form von Grausamkeit darstellt, speziell wenn es getarnt wird mit Liebenswürdigkeit.

Kontinuum-basierende Führungspersönlichkeiten müssen ein Radar dafür entwickeln, wo sich solche Gruppenprozesse zu entwickeln beginnen. Die auslösenden Personen werden sonst die ganze Gruppe in ihrer Leistungsfähigkeit schwächen.

Umgang mit Energievampiren: Kontaktvermeidung

Grundsätzlich gilt: Die Entdeckung und Akzeptanz dieses Faktums ist der wesentlichste Schritt zur Änderung. Die Opfer von Energievampiren ignorieren so lange es geht die Fakten und verdrängen sie in gleicher Weise wie der Energievampir selbst. Fakten, die einfach nicht geleugnet werden können, werden entschuldigt.

Sobald Sie also den Mut gefunden haben, die Energievampire in Ihrer Umgebung als solche zu erkennen, ist der Weg frei zum Handeln.

Zuerst wird man versuchen, dem betreffenden Menschen die Auswirkungen seines Handelns klar zu machen und auf eine Änderung drängen. Wenn das erfolgreich ist, dann hat sich das Problem gelöst.

Wenn das nicht funktioniert, gibt es nur eine einzige funktionierende Technik, nämlich die Kontakteinschränkung oder die konsequente Kontaktvermeidung.

Eine der führenden deutschen Trauma-Expertinnen sagte einmal, eine Heilung eines Opfers ist unwahrscheinlich, wenn nicht unmöglich, solange das Opfer noch im Bannkreis des Täters ist.

Damit ist das Wesentliche gesagt. Es hilft nur Kontaktvermeidung. Jeder Kontakt führt zu einer energetischen Schwächung. Ansonsten erfolgreiche Menschen berichten, dass sie Tage brauchen, um sich von einem Besuch bei ihren persönlichen Vampiren zu erholen.

Wenn es um Vampire geht, dann scheint es für viele Menschen fast unmöglich, sich von diesen zu trennen bzw. den Kontakt zu vermeiden oder zumindest einzuschränken. Immer wieder – und erfolglos – versuchen sie die Technik des Belehrens und Hoffens. Die Hoffnung stirbt zuletzt, auch wenn die Zeit vollkommen erfolglos verrinnt.

Kontaktvermeidung existiert in zwei Varianten:

- Einschränkung des Kontakts auf das absolut notwendige Mindestmaß
- Völliger Abbruch des Kontakts

Klares und entschiedenes Handeln ist die einzige Chance, das verderbliche Wirken eines Vampirs einzudämmen. Das Beenden der mit dem Kampf gegen einen Vampir verbundenen, vergeblichen Anstrengung ist jede Mühe wert.

Ein schrittweises Vorgehen sieht so aus:

1. Stellen Sie sicher, dass nicht Sie selbst der Vampir sind. Dazu brauchen Sie Geduld und die Fähigkeit, zuzuhören. Wenn Sie sicher sind, dass jemand Anderer der Vampir ist, dann gehen Sie über zu Schritt zwei.
2. Versuchen Sie den Vampir zu ändern. Versuchen Sie, ihn aus seinem inneren Gefängnis zu befreien.
3. Setzen Sie sich dazu eine Frist, in der diese Strategie Erfolg haben soll.
4. Verlängern Sie diese Frist maximal ein Mal.
5. Danach ziehen Sie die Konsequenzen und trennen Sie sich von ihm/ihr.
6. Es ist in jedem Fall eine gute Idee, die eigenen Vampir-Neigungen dennoch nicht zu ignorieren. Niemand von uns ist ganz frei davon.

Zweites Buch – die Anwendung

Im zweiten Teil steht die Anwendung im Mittelpunkt. Die Erkenntnisse aus dem ersten Teil bilden die Basis dafür. Durch die Konzentration auf konkrete Problemsituationen werden die theoretischen Zusammenhänge des ersten Teiles klarer und die einzelnen Teile des Konzeptes fallen wie von selbst an ihren Platz.

Gleich am Anfang steht die alltägliche Herausforderung, dafür zu sorgen, dass Mitarbeiter ihre Aufgaben im Sinne des Unternehmens bewältigen.

Ziele und Werte statt Aufgabenverteilung

Wenn Manager ein Problem sehen, dann entwickeln sie sofort eine Lösungsstrategie. Sie fragen sich gleich zu Beginn ihrer Überlegungen: was ist zu tun? Und wenn Sie das Ganze dann an einen Mitarbeiter weitergeben, dann lassen sie ebenfalls alles scheinbar Überflüssige weg und ordnen an, was zu tun ist. Der Mitarbeiter soll den Arbeitsschritt, den der Chef sich ausdachte, möglichst 1:1 umsetzen. Rückfragen oder der Wunsch, den Hintergrund zu verstehen, stören da nur.

Dieses Vorgehen hat mehrere große Schattenseiten. Zum einen lernt der Mitarbeiter nichts bei diesem Vorgehen. Er führt etwas aus, dessen Zusammenhang mit dem größeren Ganzen er nicht kennt. Er weiß nicht, warum er tun soll, was ihm angeordnet wurde. Wenn nächstes Mal ein ähnliches Problem ansteht, dann muss der Mitarbeiter erneut zum Chef, damit dieser dieselbe oder vielleicht eine andere Anordnung trifft. Beide verlieren. Der Chef arbeitet mehr und mehr und der Mitarbeiter stagniert in seiner Kompetenz.

Schlimmer wird es noch, wenn sich das Problem als trickreicher erweist als es zuerst aussah. Dann hat der Mitarbeiter gar keine Möglichkeit, sinnvoll zu agieren, weil er ja gar nicht erkennen kann, dass sich die Lage – über die mit ihm nie gesprochen wurde – geändert hat. Er wird versuchen, die angeordnete Lösung um jeden Preis zu verwirklichen. Er sieht deutlich vor sich, welche Vorwürfe er bekommen wird, wenn er versagt. Bis der Vorgesetzte bemerkt, was sich abspielt, geht wertvolle Zeit verloren und am Ende halten beide Seiten den Anderen für unfähig und inkompetent.

Tatsächlich steht die Frage, was zu tun ist, erst am Ende eines größeren Zusammenhangs, ohne den sie in Wahrheit gar nicht sinnvoll beantwortet werden kann. Zuerst muss das Ziel klar sein und dann auch noch die Art und Weise wie man generell mit Problemen umgeht.

Diesen größeren Zusammenhang zeigt der 4-W-Kreislauf. Er kombiniert die vier zentralen W-Fragen wer, warum, wie und was.

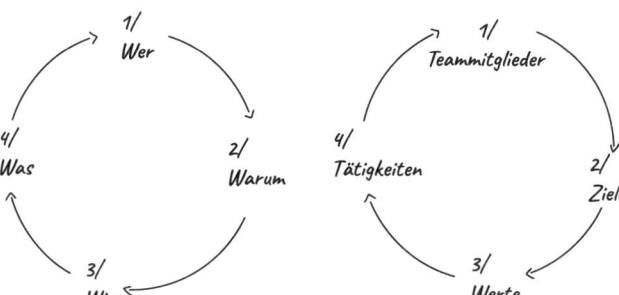

Die Frage „was?" steht ganz am Ende einer Kette von vorgelagerten Fragen, deren Beantwortung oft wie von selbst zu einer Lösung der letzten Frage führt. Wenn ein Mitarbeiter das warum und das wie versteht, dann kann er in aller Regel selber über das was entscheiden.

Zuerst steht immer die Frage nach dem „wer?". Es macht keinen Sinn, mit den falschen Personen an ein Problem heranzugehen. Leider stehen viele Manager vor der Situation, dass sie ihr Team nicht selber zusammenstellen können. Sie müssen mit den Menschen zurechtkommen, die man ihnen zugeordnet hat. Das gilt erstaunlicherweise auch für Projektteams. Sie werden für jedes Projekt neu zusammengestellt und es scheint leicht zu sein, den Projektleiter die geeignetsten Personen auswählen zu lassen. Praktisch aber werden die Teilnehmer von den betroffenen Abteilungen entsandt und der Projektleiter hat sie zur Kenntnis zu nehmen. Die Wirtschaftspraxis ignoriert damit einen Grundsatz, den dieselben Leute für eine Fußballmannschaft lauthals fordern würden: Jeder Erfolg beginnt bei der Frage *„Wer gehört ins Team?"*. Die Zusammensetzung des Teams ist die grundlegende Voraussetzung für den Erfolg.

Wenn das Team schon steht, zum Beispiel bei der Übernahme einer bestehenden Abteilung durch einen neuen Chef, dann startet der Ablauf bei der Frage *„Warum gibt es diese Abteilung?"*. Das ist die Frage nach den Zielen. Diese Frage wird im Alltag kaum einmal berührt. Die Antwort wird als ohnedies bekannt vorausgesetzt. In Wahrheit aber konzentrieren sich die Mitarbeiter fast ausschließlich auf das was sie zu tun haben. Dieser Fokus muss keinesfalls mit dem wirklichen Ziel der Abteilung übereinstimmen. Ein Mitarbeiter im Controlling mag seine Aufgabe in der Produktion der monatlichen Soll-Ist-Vergleiche sehen. Das Ziel seines Tuns besteht aber darin, dem operativen Management genau die Unterlagen zur Verfügung zu stellen, die es für die optimale Erfüllung seiner Aufgaben braucht. Das kann im Alltag völlig in Vergessenheit geraten. Die Tabellen mögen dann fachlich perfekt, aber für die Adressaten völlig unverständlich sein. Die daraus resultierenden Streitereien sind für diesen Mitarbeiter dann völlig unverständlich, weil die Zahlen mathematisch ja alle stimmen.

Die dritte Frage, *„Wie arbeiten wir hier zusammen?"*, bezieht sich auf den Stil, in dem die Arbeit ablaufen soll. Sie erfordert die klare Definition der Werte, die für die jeweilige organisatorische Einheit gelten.

Erst ganz am Ende steht die Frage *„Was ist zu tun?"*. Sehr oft muss das vom Chef gar nicht mehr beantwortet werden.

Wenn das Wohin (die Ziele) und das Wie (die Werte) bekannt sind, dann ist das Was (das Tun) meist kein Problem mehr.

Die Teammitglieder sind meist problemlos imstande, diese Frage selbst zu beantworten, wenn die anderen Fragen zuvor beantwortet wurden. Das, was zu tun ist, kann von den richtigen Menschen (die „*wer?*"-Frage!) selbst erarbeitet werden, wenn das Klima im Team stimmt (die „*warum?*"- und die „*wie?*"-Frage).

In den folgenden Abschnitten werden daher diese drei vorgelagerten Fragen einzeln behandelt.

Die Zusammensetzung des Teams

Flow – das Ziel Kontinuum-basierender Führung – ist eine empfindliche Pflanze. Unter den richtigen Voraussetzungen blüht sie schnell auf, aber wenn eine dieser Voraussetzungen nicht gegeben ist, dann verwelkt sie auch schnell wieder.

Schon ein einziges Teammitglied kann Flow verhindern. Die Komposition des Teams ist daher von entscheidender Bedeutung. Am einfachsten ist das bei der Zusammenstellung eines neuen Teams. Schwieriger ist es, wenn man als Chef ein bestehendes Team erbt und es nur schwer ändern kann.

Die Bedeutung der Menschen für den Erfolg

Der zentrale Leitsatz für den Erfolg eines Teams lautet:

**Wenn die für eine Aufgabe richtigen Menschen
in der richtigen Stimmung zusammenwirken,
dann ist im positiven Sinne alles möglich.**

Dieser Satz kombiniert zwei Voraussetzungen zu einem Ergebnis:

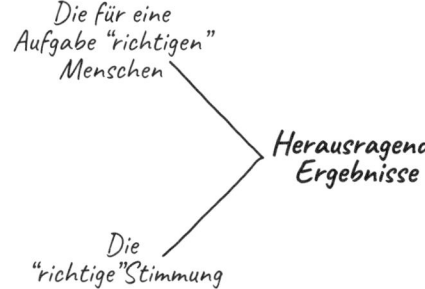

Die für eine Aufgabe "richtigen" Menschen

Herausragende Ergebnisse

Die "richtige" Stimmung

Alle drei Elemente dieses Satzes sind bedeutsam. Beginnen wir mit den für eine Aufgabe richtigen Menschen.

Sie sind die alles entscheidende Voraussetzung für jeden Erfolg. Diese Tatsache klingt in manchen Lebensbereichen wie eine Banalität und wird in anderen Lebensbereichen vollständig vernachlässigt.

Im Spitzenfußball beispielsweise ist die Komposition des Teams eine permanent diskutierte Herausforderung. Kein Trainer würde die Aufgabe übernehmen, mit einem durchschnittlichen Team überdurchschnittliche Ergebnisse erbringen zu müssen. Diese Überzeugung eint die Profis in den Vereinen und die Amateure vor den Fernsehern.

Ganz anders im Business. Hier wird von jedem Manager verlangt, mit jedem beliebigen Team jede beliebige Leistung zu erbringen. Während im Spitzensport jede einzelne Position überlegt wird und es ganz offensichtlich keinen Sinn macht, drei Tormänner mit einem Stürmer zu kombinieren, werden im Business die Headcounts verehrt. Solange die Kopfzahl stimmt, sind die Controller zufrieden. Das ist vergleichbar damit, als würde man im Fußball zufrieden sein, solange elf Mann am Feld stehen.

Dieser Zusammenhang scheint selbstredend. Die Praxis zeigt aber immer wieder, dass er nur selten ausreichend berücksichtigt wird. Es scheinen mehrere Entwicklungen unheilvoll zusammenzuwirken:

- Zum einen ist es die dramatische Abwertung menschlicher Arbeit auf das Niveau von Schmiermitteln, die die wahre Bedeutung des einzelnen Menschen verschleiert. Wenn Menschen austauschbar sind, dann sind sie als Einzelne weitgehend wertlos. Sie sind leider nicht vermeidbar, es gibt aber ohnedies genug von ihnen. So ist die, natürlich nie so klar ausgesprochene, Haltung. Unter Kontinuum-Gesichtspunkten ist das eine Katastrophe. Menschen sind der Sinn und Zweck des Wirtschaftslebens, nicht ihr Schmiermittel. Es schmerzt, darüber überhaupt etwas schreiben zu müssen. Es ist ein Zeichen der fortgeschrittenen Degeneration des Menschen, dass so selbstverständliche Tatsachen nicht mehr als solche erkannt werden, ja dass permanent auf entsetzliche Weise[21] dagegen verstoßen wird.[22]
- Zum anderen ist es die unselige Verquickung von Lebensunterhalt und Arbeit, die eine freie Entscheidung sowohl der Arbeitgeber als auch der Arbeitnehmer über ihre Zeit verhindert. Ein arbeitsfreies Grundeinkommen ist längst überfällig. Erst wenn Menschen nicht mehr durch Existenzangst dazu genötigt werden können, sich durch sinnentleerte und schlecht bezahlte Arbeit ausbeuten zu lassen, erst dann können die beiden Seiten eines Arbeitsvertrages leichter und freier über die wirklich relevanten Fragen einer entwickelten Volkswirtschaft, zum

Beispiel über Performance und Selbstrealisation, nachdenken und entscheiden.[23]

- Weil der überbordende Kapitalismus keine Gegenkraft kennt und aus Eigenem mangels verbliebener Wertvorstellungen keine innere Restrukturierungskraft mehr entwickeln kann, müssen sich Gegenkräfte formen, die – um ein halbwegs spürbares Gegengewicht zu entwickeln – ebenso maßlos werden wie der von ihnen bekämpfte „Feind". Die Gewerkschaften sind zu einem festen Bestandteil des Kapitalismus geworden, in gleicher Weise von politischen Reflexen geleitet wie dieser. Durch ihre Größe und die unvermeidbaren festen Strukturen bekommt der Kampf um ihre eigene Existenz Vorrang vor dem eigentlichen Gründungszweck[24]. Außerdem verliert die Selbstrealisation vor dem Hintergrund drohender Arbeitslosigkeit mit allen damit verbundenen existenziellen Folgen verständlicherweise stark an Bedeutung.

Zusammengenommen führt das zu einem in jeder Weise verzerrten Bild von Arbeit. Was eine Quelle von Freude und Erfolgserlebnissen sein soll, wird zur Ursache von Krankheit und Frustration. Eine besonnene Reaktion auf Fragen von Führung und Arbeit findet kaum mehr statt. Der einzige Ausweg ist eine generelle Neubewertung des ganzen Themenkomplexes, wie er in der Kontinuum-basierenden Führung unternommen wird.

Die Kontinuum-basierende Sicht zeigt ein völlig anderes Bild.

Im Kontinuum leisten alle Teammitglieder ihren einzigartigen Beitrag zum gemeinsamen Erfolg der Gruppe.

Im Kontinuum steht das Wohl der ganzen Gruppe im Vordergrund. Daher profitieren immer alle Seiten. Die Gruppe profitiert, weil durch den Flow-Zustand alle Mitglieder am Optimum ihrer Leistungsfähigkeit operieren, wenn es für bestimmte Zeit sein muss, dann sogar am Maximum. Durch den Wegfall der Reibungsverluste in und zwischen den Menschen wird kaum Energie vergeudet. Die Energieeffizienz ist optimal. Der Zusammenhalt innerhalb der Gruppe ist stark, weil jeder und jede Einzelne durch seinen/ihren Beitrag wesentlich ist.

Das einzelne Mitglied profitiert, weil Selbstrealisation ein eigenständiger Wert ist. Es lässt sich – außer durch die dadurch entstehenden Gefühle – nicht weiter begründen, warum Selbstrealisation als so bedeutsam empfunden wird. Es lässt sich aber verstehen. Das perfekte Funktionieren des eigenen Wesens wird als äußerst angenehm empfunden. Die reibungslosen inneren Abläufe erhöhen die Selbstwahrnehmung und damit auch die Selbstachtung und das Selbstvertrauen. Im durch Kontinuum-basierende Führung ausgelösten Gruppen-Flow kommt noch das starke Gefühl der Verbindung dazu, welches durch das intensive Miteinander entsteht. Das Gefühl, dass es jetzt so ist wie es sein soll, weil es immer so war, ist überwältigend.

Dazu kommt für beide Seiten das sichere Wachstum aller. Die Mitglieder wachsen durch ihren eigenen individuellen Beitrag. Er macht das einzelne Mitglied stolz. Der vom Einzelnen empfundene eigene Wert hängt ganz stark von diesem geleisteten Beitrag und viel weniger vom erhaltenen Betrag ab. Geben ist offenbar tatsächlich seliger denn Nehmen. Durch dieses Wachstum der Mitglieder wächst naturgemäß auch die Gruppe.

Welchen Beitrag der/die Einzelne leistet, das definiert die Gruppe. Keinesfalls muss es immer um ein bestimmtes Tun mit einem bestimmten Ergebnis gehen. Sein stellt sich als viel wichtiger heraus als Tun. Ein kleines Baby scheint wenig beizutragen und kann dennoch ein unersetzliches Mitglied einer Familie sein.

Die Epigenetik zeigt, dass es nicht die Weitergabe des genetischen Codes ist, die alle unsere Beziehungen prägt. Es ist die Bedeutung des emotionellen Bandes zwischen den Mitgliedern einer Familie, die Bereitschaft, aufeinander Rücksicht zu nehmen, sich füreinander sogar zu opfern.

Wenn dann das Baby wächst, dann wachsen auch seine Fähigkeit und seine Bereitschaft, aktiv etwas beizutragen. Um das Kontinuum weiterzutragen, ist es notwendig, dass das Kind in eine Rolle hineinwächst, in der es eines Tages selbst zu den aktiven Stützen der Gruppe wird. Dieses Hineinwachsen einerseits durch seine zunehmenden Fähigkeiten, aber auch durch das im gleichen Maße zunehmende Vertrauen der Gruppe in diese Fähigkeiten und in die Bereitschaft, sie im Interesse der Gruppe einzusetzen, sichert den ungebrochenen Bestand des Kontinuums.

Nur ein gutes Team kommt leicht in Flow

Die Menschen im Team müssen Flow nicht herbeiführen. Dafür zu sorgen, dass Flow entstehen kann, ist ganz klar die Aufgabe des/der Führenden. Dazu sind von ihm/ihr verschiedene Maßnahmen zu setzen. Eine davon – und nicht die geringste – ist die Zusammensetzung des Teams.[25]

Der Flow-Zustand wird leicht erreicht, wenn die Voraussetzungen gegeben sind. Genauso leicht wird er aber verhindert, wenn die Voraussetzungen nur ungenügend oder gar nicht hergestellt werden. Genauso sensibel ist das Verbleiben im Flow. Schnell gerät eine Gruppe wieder aus dem Flow heraus, wenn eine der Voraussetzungen schwindet. Das ist regelmäßig ein starker Stressfaktor, weil der Flow-Zustand als sehr angenehm erlebt wird und jede Unterbrechung darum als extrem störend empfunden wird.

**In einem Team kann bereits ein einzelnes Mitglied
Flow nachhaltig verhindern.**

Beispiele dafür sind:

- Ein Teammitglied interessiert sich nicht für die gemeinsamen Ziele und wertet sie damit ab. Dadurch kann auch für die anderen das Erleben von Bedeutung im Tun erschwert oder unmöglich werden.
- Ein Teammitglied erfüllt seinen Beitrag nicht. Dadurch können alle anderen an der Selbstrealisation gehindert werden, weil sie den Beitrag dieses Mitgliedes mit übernehmen müssen. Das kann über gewisse Zeit toleriert werden, speziell, wenn die Gründe dafür von der Gruppe verstanden und akzeptiert werden können. Auf Dauer wird es die Gruppe aber aushöhlen.

- Ein Teammitglied interessiert sich mehr für den eigenen Erfolg als für den Erfolg der Gruppe. Es wird dann die anderen Mitglieder tendenziell für die eigenen Zwecke ausbeuten, was diese zunehmend vorsichtig macht und weniger sicher. Genau diese Vorsicht ist aber ein Hindernis für die Hingabe an den Flow-Zustand.

Es genügt also nicht, wenn einige Mitglieder imstande sind, die Voraussetzungen für Flow zu verwirklichen. Ein einziger Tropfen Essig zerstört die beste Flasche Wein. Dasselbe gilt für Flow in einem Team. Darum ist die Zusammensetzung des Teams von solcher Bedeutung. Die Menschen im Team müssen in ihrer Gesamtheit alle Voraussetzungen unterstützen, die zu Flow führen und dürfen vor allem keine der Gegenindikationen aufweisen.

Es handelt sich dabei um die folgenden erwünschten Eigenschaften. Das den Flow verhindernde Gegenteil ist jeweils einfach zu erschließen und wird bei der detaillierten Darstellung erwähnt.

- Eine positive Weltsicht
- Die Fähigkeit zu Respekt und Disziplin
- Freunde, Überforderer, Überförderer und Haubentaucher
- Eine kompatible Wertebasis (Geber oder Händler/Tauscher, aber keine Nehmer)
- Kompetenz in dem was sie tun

Eine positive Weltsicht zieht Erfolg an

Das Thema Weltsicht zieht sich durch alle Elemente der Kontinuum-basierenden Führung. Sie ist der zentrale, kritische Faktor jedes Erfolges. Ihre Auswirkungen werden meistens weit unterschätzt. Eine positive Weltsicht wird häufig als naiv, eine negative Sicht als rational-kritisch eingeordnet. Diese Einschätzungen sind ja nicht ganz unbegründet. Natürlich gibt es naive Menschen, die sich immer wieder in Aktionen stürzen, aus denen sie nur mit größten Schwierigkeiten wieder herauskommen. Und natürlich ist es unsinnig, die Welt aus einer rosaroten Perspektive zu betrachten, in der es keinerlei Schwierigkeiten zu geben scheint. Aber daraus den Schluss zu ziehen, dass eine generell negative Sicht der Welt die bessere Wahl wäre, ist genauso falsch. Positive Menschen sehen dieselben Schwierigkeiten wie negative Menschen. Sie lassen sich davon aber nicht abhalten, ihre Projekte zu beginnen und auch durchzuhalten.

Positive Menschen wissen um den Wert von Beharrlichkeit. Sie wissen, dass Widerstände die eigene Stärke fördern und dass man darum am Ende jede Schwierigkeit überwinden kann. Man kann die hier unterstützte Sicht von Positivität mit dem Wissen gleichsetzen, dass Beharrlichkeit jedes Problem ermüdet. In den letzten Jahren hat vor allem Angela Duckworth[26] dieses Wissen für die Forschung wiederentdeckt. Sie stellte als Lehrerin und dann später als Forscherin fest, dass sogar intellektueller Erfolg weniger mit IQ als mit dem Durchhaltevermögen und der Ausdauer beim Lernen zusammenhängt. Wie viele Coaches im Sport stellte auch sie fest, dass IQ, also intellektuelle Begabung, sehr oft sogar negativ mit Erfolg korreliert. Begabte Menschen lernen nie zu kämpfen. Erfolg fällt ihnen leicht und wenn es dann einmal schwer wird, was ausnahmslos früher oder später der Fall sein wird, dann haben Sie keine inneren Werkzeuge, um mit Misserfolg umzugehen.

Das ist es, was positive Menschen im hier gemeinten Sinne auszeichnet. Sie glauben an ihre eigene Kraft und an die Kraft ihrer

Teams auch dann, wenn es zu Problemen kommt. Es ist leicht, an den Erfolg zu glauben, wenn alles nach Plan läuft. Aber den Erfolg auch dann klar im Visier zu haben, wenn er sich hinter dem Horizont zu verflüchtigen scheint, das macht den Unterschied zwischen Gewinnern und Verlierern aus.

Denzel Washington sagte einmal, dass es klare Entscheidungen braucht, um ein Projekt zu beginnen und – noch wichtiger – Durchhaltekraft, um es erfolgreich zu beenden. Positive Menschen beherrschen beides. Das ist es was sie von den Träumern und Naiven unterscheidet.

Negative Menschen geben oft schon auf, bevor sie richtig begonnen haben. Sie sind unfähig, mit voller Entschlossenheit und voller Energie an große Projekte heranzugehen, weil die möglichen zukünftigen Probleme sie schon schwächen, noch bevor sie wirklich eingetreten sind. Dadurch verbrauchen sie ihre Energie im Kampf gegen alle nur denkbaren Windmühlen, auch wenn die meisten davon gar nie eintreten werden.

Was sie aber so besonders gefährlich macht, ist ihre ansteckende Wirkung auf ihre Umgebung. Wir haben das unter dem Begriff der Energievampire bereits erörtert. Wir haben auch die einzige Technik besprochen, wie man diesen Menschen entkommen kann, die Kontaktminimierung bis hin zur völligen Kontaktvermeidung.

Exkurs: Respektloses Verhalten als Folge eines Führungsvakuums

Echte Vampire, also Menschen, die durch ihre Kindheit den Glauben an die Möglichkeit des Guten und Erfolgreichen verloren haben, sind innerhalb normaler Strukturen unheilbar. Sie brauchen therapeutische Betreuung, die sie aber im Normalfall vehement ablehnen.

Vielfach erlebt man in der Praxis aber Menschen, die sich ganz wie Energievampire benehmen, deren Verhalten aber nicht aus der

Vergangenheit stammt, sondern aus echter Verzweiflung über einen führungslosen Zustand in der Gegenwart herrührt. Sie spüren dieses Vakuum, wissen aber nicht, was sie dagegen tun könnten. Sehr oft sind sie auch tatsächlich weitgehend machtlos, weil sie gegen eine zwar unfähige aber dennoch mächtige Hierarchie in aller Regel nicht ankönnen. Solche Menschen sind keine Vampire. Sie sind im Gegenteil wesentliche Bestandteile einer Gruppe, wenn sie Kontinuum-basierende Führung erleben und dadurch ihre tiefe innere Sehnsucht nach klaren Verhältnissen, nach Anstand und Sicherheit befriedigt wird.

Eine negative Weltsicht muss daher von bloß respektlosem Verhalten unterschieden werden. Respektloses Verhalten kann geändert werden, Negativismus dagegen im Rahmen normaler Zusammenarbeit nicht.

Auf den ersten Blick sind respektlose Menschen und Menschen mit einem negativen Weltbild im Verhalten oft sehr ähnlich. Aus der Fordern/Fördern-Matrix sollte aber klar sein, dass die Werkzeuge im Umgang mit diesen beiden Menschentypen sehr unterschiedlich sind. Im Umgang mit respektlosen Menschen ist das Licht/Schwert das Werkzeug der Wahl, im Umgang mit Vampiren die Kontaktvermeidung.

Der Unterschied in den Werkzeugen liegt darin begründet, dass der Vampir weitgehend lernresistent ist, während ein an sich konstruktiver Mensch, der sich aber respektlos verhält, oft einfach nur das Kontinuum vermisst.

Beide sind tatsächlich oft nicht einfach zu unterscheiden. Es ist daher in Zweifelsfällen eine gute Idee, diese Menschen so zu behandeln als wären sie „nur" respektlos. Respektlosigkeit in ihren verschiedenen Ausprägungen ist immer eine Folge fehlender Kontinuum-basierender Führung. Sie kann daher durch entsprechende Führung geheilt werden.

Destruktivität dagegen ist in einem normalen beruflichen Setup kaum zu heilen. Sie kommt daher, dass jemand so tief enttäuscht wurde, dass er/sie nicht mehr bereit ist, zu vertrauen. Dadurch kommt keine Trägerfrequenz mehr zustande. Eine konstruktive Reaktion oder ein angemessener Umgang mit Feedback, das ihr Verhalten betrifft, ist diesen Menschen dadurch nicht mehr möglich.[27]

Es ist nützlich für das Verständnis solcher Menschen, dass sie in Wahrheit keine Verhaltensprobleme, sondern Wahrnehmungsprobleme haben.

Sie interpretieren das, was sie sehen und hören anders als es der Rest der Menschheit tut. Da sie naturgemäß aber wie wir alle auf das reagieren, was sie subjektiv wahrnehmen, passt das nicht zu den Erwartungen anderer Menschen, die etwas anderes wahrnehmen.

Daraus resultiert die erwähnte Lernresistenz solcher Menschen. Sie sind weder dumm noch uneinsichtig. Sie reagieren subjektiv gesehen völlig vernünftig. Würden wir dasselbe wahrnehmen wie sie, dann würden wir vergleichbar reagieren. Eine Diskussion über ihr Verhalten wird daher immer in Missverständnissen enden, weil man ja über völlig unterschiedliche Situationen spricht.

Insgesamt zeigt sich also, dass Menschen mit einer negativen Weltsicht in einem normalen Business-Setting von ihren destruktiven Überzeugungen kaum heilbar sind. Sie sind der Feind jedes Flow-Erlebnisses, jedes Erfolges, jedes Fortschritts.

Menschen mit negativer Weltsicht sind die einzigen Typen aus der Fordern/Fördern-Matrix, die ein Team dauerhaft aus dem Flow halten. Sie sind daher unvereinbar mit Kontinuum-basierender Führung.

Menschen mit einer positiven Weltsicht sind dagegen zu erstaunlichen Leistungen fähig, wenn sie im richtigen Umfeld gefördert und gefordert werden. Bei der Auswahl der richtigen Mitarbeiter ist diese positive Weltsicht daher ein zentrales Kriterium. Positive Menschen sind imstande, weit über sich hinauszuwachsen. Ihre bisherigen Leistungen bleiben häufig weit unter ihrem wirklichen Potenzial zurück. Wenn weder das Elternhaus noch die bisherigen Ausbildungsinstitutionen und Arbeitsplätze die Manifestation ihres Potenzials unterstützt haben, dann sind ihre bisherigen Leistungen auch kein realistisches Abbild dessen, wozu sie fähig sind. Das bloße Sichten der bisher gezeigten Leistungen ist daher oft völlig unangemessen. Es ist viel zukunftsorientierter, wenn die hier vorgeschlagenen Kriterien angewendet werden. Die positive Weltsicht ist nur das erste davon. Es geht weiter mit der Fähigkeit zu Respekt und Disziplin.

Die Fähigkeit zu Respekt und Disziplin

Respekt und Disziplin sind selbstverständliche Attribute von Menschen, die innerhalb Kontinuum-basierender Führung aufwachsen. Sie werden aber kaum entwickelt, wenn diese Führung fehlt. Weil dieses Fehlen überwiegend der Fall ist, sind diese beiden Eigenschaften und die daraus folgenden Verhaltensweisen seltener anzutreffen als wir es uns wünschen würden.

Ohne Respekt und Disziplin funktioniert keine Zusammenarbeit. Flow ist ohne sie geradezu unmöglich. Respekt und Disziplin stehen in engem Zusammenhang mit allen sechs Bedingungen für Flow, wie sie im Kapitel „Voraussetzungen für Flow" dargestellt wurden.

Von ausschlaggebender Bedeutung sind sie aber für die beiden folgenden Voraussetzungen für Flow[28]. Wir haben sie in einem früheren Kapitel, im ersten Teil des Buches, bereits als unverzichtbare Bestandteile jedes Flowerlebnisses und damit jeder Höchstleistung erwähnt:

- die Konzentration auf das aktuelle Tun und
- die Wahrnehmung der eigenen Person als ein wesentliches Mitglied der Gruppe

Respekt und Disziplin sind die Basis für Flow Anforderung #2: „Konzentration auf das aktuelle Tun".

Diese unbedingt erforderliche Konzentration erfordert völlige Sicherheit und das Fehlen jeder Sorge um die eigene Person, um das eigene Ansehen, die Karriere und die Position innerhalb der Gruppe.

Solange man sich diesbezüglich nicht völlig sicher sein kann, ist ein Aufgehen in der Aufgabe nicht möglich. Ein Teil der Aufmerksamkeit wird sich immer auf die Sicherheit der eigenen Person beziehen, vollständige Hingabe wird unmöglich. Erst Respekt und Disziplin innerhalb der Gruppe machen vollständige Konzentration möglich.

Wenn Menschen mit Respekt behandelt werden, dann spiegeln sie diese Behandlung in ihrem Selbstbild. Ihre Selbstachtung steigt und damit ihre subjektiv empfundene Sicherheit.

$$\textit{Erlebter Respekt} \xrightarrow{\textit{führt zu}} \textit{Selbstachtung}$$

Es sind offenbar immer wieder dieselben grundlegenden Prinzipien, auf die wir uns beziehen können. Menschen spiegeln ihre Umgebung wider. Sie richten ihr Verhalten, vor allem aber ihr Selbstbild danach aus. Ein perfektes Team verlangt daher nach Menschen, die über die Fähigkeit zu Respekt und Disziplin verfügen.

Respekt und Disziplin sind die Basis dafür, dass Menschen sich als ein wesentliches Mitglied der Gruppe wahrnehmen. Das passt genau zur ersten der beiden Anforderungen für Flow in einer Gruppe.

Damit Menschen sicher sein können, zu einer bestimmten Gruppe dazuzugehören, nicht nur als geduldete Mitläufer, sondern als geachtete und wichtige Mitglieder, müssen sie entsprechende Versicherungen immer wieder hören, müssen aber – was noch viel wichtiger ist – diese Versicherungen auch als gelebte Realität wahrnehmen.

Sie müssen bezüglich dieser Tatsachen völlig sicher sein können. Sie sind für ein Rudel- bzw. Gruppenwesen existenziell. Ohne diese sichere Zugehörigkeit zu einer Gruppe kann ein Gruppenwesen nicht lange überleben.[29]

Daher ist Konzentration auf die Aufgabe nur möglich, wenn man sich um diese existenzielle Voraussetzung keine Sorgen machen muss. Dafür ist gegenseitiger Respekt innerhalb des Teams von ausschlaggebender Bedeutung.

Ein einziger respektloser Mensch kann die Sicherheit innerhalb eines Teams so weit untergraben, dass Flow nicht mehr möglich ist.

Exkurs: Die Verwechslung von Respekt und Disziplin mit blindem Gehorsam

Respekt und Disziplin sind als Werte in Verruf geraten, vor allem durch die vielen Söldner und Mitläufer in den verschiedenen Kriegen dieser Welt, die ihre Gräueltaten regelmäßig durch Gehorsam entschuldigen. Viele Menschen haben daher durchaus verständliche, ernste Schwierigkeiten mit dem Begriff Gehorsam.

Weil das Pendel nach so exzessiven Ausschlägen fast zwangsläufig ebenso weit in die andere Richtung ausschlägt, führt das oft dazu, dass manche Menschen jede Form von Gehorsam ablehnen.

Es hat sich in vielen Institutionen daraus geradezu eine Werthaltung etabliert und Begriffe wie Respekt und Disziplin werden geradezu verachtet. Respektlosigkeit mit allen Folgeerscheinungen wie schlechtes Benehmen, Unaufmerksamkeit, lockeres In-Frage-Stellen jedes Inhaltes, auch wenn dem Diskutanten jede Möglichkeit fehlt, dazu auch nur minimal fundiert Stellung nehmen, alles das wird als pseudo-akademischer, pseudo-demokratischer Stil nicht nur toleriert, sondern geradezu hochgehalten.

Ich betrachte diese Entwicklung als Ausdruck eines fundamentalen Missverständnisses bezüglich der Begriffe Respekt und Disziplin. Sie haben mit blindem Gehorsam nichts zu tun. Dasselbe gilt für die arrogante Unhöflichkeit vieler Menschen, die nicht das Mindeste mit Widerstand gegen irgendeine Art von Machtmissbrauch zu tun hat.

Respekt ist eine Ausprägung von Liebenswürdigkeit und äußert sich in Höflichkeit, zugleich mit Begriffen wie Anstand, Benehmen, Würde und Eleganz. Disziplin ist untrennbar damit verbunden und führt zu Verhaltensweisen wie Verlässlichkeit und Pünktlichkeit.

Es ist erstaunlich, wie man das überhaupt mit dumpfem Gehorsam gegenüber lebensfeindlichen Befehlen und der bedenkenlosen Anwendung jeder Form von menschenverachtender Gewalt verwechseln kann. Ich habe in vielen Jahren, und konfrontiert mit unzähligen Formen von Respekt- und Disziplinlosigkeit, immer wieder den Eindruck gewonnen, dass es sich dabei gar nicht wirklich um eine Verwechslung, sondern um eine schnell verwendete Ausrede handelt, wenn Menschen sich schlecht benehmen wollen.

Respekt und Disziplin sind Elemente jeder erfolgreichen Zusammenarbeit. Sie sind Ausdruck der Achtung vor dem Einzelnen und der Gemeinschaft.

Für Führungskräfte wird es sich regelmäßig als notwendig erweisen, diesen Unterschied in den Teams klarzustellen.

Freunde, Überforderer, Überförderer und Haubentaucher

Alle Typen innerhalb des rechten oberen Quadranten haben ein positives Weltbild und sind daher akzeptable Mitglieder eines Teams, das Sie als Alpha in Flow bringen möchten.

Freunde sind theoretisch die idealen Mitglieder. Sie werden aber aufgrund ihrer hohen Energie und wegen ihrer Fähigkeiten im Umgang mit Menschen sehr bald Führungsaufgaben brauchen, damit sie im Team bleiben. Sie sind somit für einen/eine Alpha ideal als Mittelmanager, bis sie sich möglicherweise darüber hinaus entwickeln. Das muss aber gar nicht sein. Es gibt viele wirklich gute Manager, die die erste Reihe scheuen. Sie fühlen sich wohler in der zweiten Reihe, und wenn das so ist, dann kann daraus eine herausragende Partnerschaft mit einem „Erste-Reihe-Alpha" entstehen.

Überförderer sind durchaus Wunschmitglieder in einem Team. Sie wirken sozial ausgleichend und schaffen ein angenehmes Klima, in dem sich Menschen wohlfühlen. Sie brauchen aber Schutz vor sich selbst, denn sie neigen zum Ausbrennen vor lauter gutem Willen. Sie neigen auch zum Gutmenschentum, also zur irrtümlichen Ansicht, man nütze der Umwelt am besten, indem man sich selbst vergisst und kaputtmacht.

Was Flow betrifft, sind Überförderer zu wenig fokussiert und achten zu wenig auf die Selbstrealisation der Kollegen und Mitarbeiter. Das kommt aus ihrer nicht gerne eingestandenen Arroganz, alles besser zu können und belastbarer zu sein als die anderen. Auf diese problematische Seite der Überförderer in Ihren Teams werden Sie als Alpha achten müssen.

Überforderer sind ebenfalls Wunschmitglieder in einem Team. Sie halten die Ergebnisfahne hoch und wirken daher fokussierend auf die ganze Gruppe. Die Gruppe braucht aber Schutz vor ihnen, denn sie sind mit anderen Menschen selten zufrieden. Für sie ist es selbstverständlich, dass sich jeder Kollege und Mitarbeiter aufopfert.

Was Flow betrifft, wirken Überforderer verunsichernd auf das Team. Sie verbreiten Stress und das Gefühl, man wäre eventuell nicht gut genug. Das kommt aus ihrer Überzeugung, die Leute hätten eine Neigung zu einer gewissen Trägheit, die ihnen selber – wenn es nach ihrem Selbstbild geht – fremd ist. Auf diese problematische Seite der Überforderer in Ihren Teams werden Sie als Alpha achten müssen.

Haubentaucher sind die häufigste menschliche Spezies und wunderbare Teammitglieder. Sie mischen sich nicht gerne ein, verfügen in der Regel über hohe Fachkompetenz und arbeiten lieber als zu plaudern – außer es geht um ihre Lieblingsthemen, die aber häufig ohnedies rund um ihre Arbeit kreisen. Haubentaucher müssen aktiv angesprochen werden, wenn man ihre Meinung hören will oder wenn man ihre Hilfe braucht. Sie geben nach außen hin schnell nach, wenn man ihre Meinung in Zweifel zieht, auch wenn sie innerlich keineswegs überzeugt sind. Auf diese problematische Seite der Haubentaucher in Ihren Teams werden Sie als Alpha achten müssen.

Eine weitere wesentliche Anforderung an Teammitglieder ist ihre Übereinstimmung mit den wesentlichen Werten ihrer Umgebung, also der Gruppe oder Abteilung, in der sie arbeiten. Dem widmet sich das nächste Kapitel.

Mitarbeiter und Unternehmen brauchen gleiche Werte

Einer der zahlreichen Mythen des Wirtschaftslebens ist das Märchen von der alles umfassenden Flexibilität im Management. Alles muss hinterfragt werden, alles ist änderbar, nichts ist heilig. Alles kann und muss neu werden. Diese Haltung ist nicht nur unsinnig, sondern existenziell bedrohlich. Es scheint für die Verfechter dieser Haltung keinen Kern des Unternehmens zu geben, keine Persönlichkeit, nichts was ein Unternehmen als soziale Einheit kennzeichnet. Es stellt sich die Frage: *„Wozu sollte man dann überhaupt ein Unternehmen erhalten, es immer wieder neu positionieren, neue Ideen, Produkte, Ziele, Zielgruppen aufbauen, wenn es ohnedies nichts gibt, was wertvoll und erhaltenswert ist?"*. Unsere kapitalistische Kultur beginnt den Gedanken zu akzeptieren, man könne alles in Geld ausdrücken und bewerten. Das Wort „bewerten" ist in diesem Zusammenhang schmerzhaft, denn gerade Geld ist die wertfreieste Ware der Welt. Geld steht schlichtweg für fast alles und hat keinerlei eigenen Charakter. Gerade dadurch ist es so ein brauchbares Tauschmittel.

Den wirklichen Wert einer Sache oder eines Unternehmens kann man damit aber nicht erfassen. Ein Wert ist etwas viel Subtileres als ein Betrag. Ein Bild kann vom Standpunkt der Kunstgeschichte aus weitgehend wertlos sein und dennoch für den Besitzer unersetzlich, weil es zum Beispiel von einem verstorbenen Kind gezeichnet worden war. Dieser Wert lässt sich nicht in Tabellen erfassen. Er ist für Bürokraten ein Ärgernis. Aber es sind genau diese Werte, die das Besondere einer Sache ausmachen.

Die Werte einer Gruppe sind unveräußerbar. Sie liegen in den gegenseitigen Beziehungen der Menschen untereinander, in der Art, wie sie miteinander umgehen, im Vertrauen, das sie sich gegenseitig entgegenbringen, in der Loyalität, die sie verbindet, in der Handschlagsqualität ihrer Vereinbarungen, im Respekt, mit dem sie sich behandeln, in ihrem gemeinsamen Streben nach Qualität.

Diese Werte gelten nicht nur für die Mitarbeiter und Führungskräfte, sondern auch für die Kunden, Partner und Lieferanten.

Die Haltung einer unbegrenzten Flexibilität – außer es geht um Geld – als eigenständiger Wert scheint sich in unserer Gesellschaft immer weiter zu verbreiten. Damit verlieren wir aber schrittweise uns selbst, weil es ja nichts mehr gibt, was unser Selbst definiert. Was daher anfangs wie die geniale Lösung aller Probleme aussieht, ist in Wahrheit der sichere Weg zur Zerstörung dessen, was es eigentlich bewahren will. Denn wenn gar nicht klar ist, was bewahrt werden soll, dann ist ein Erfolg gar nicht mehr möglich. Übrig bleibt dann nur die kurzfristige Maximierung des Eigennutzens ohne jede Rücksicht und ohne moralische Grenzen.

Symptomatisch dafür stehen Ereignisse wie der tiefe Fall des Lance Armstrong, der durch das Aufdecken seiner jahrelangen Dopingpraxis und speziell durch das dadurch offenkundig gewordene jahrelange zynische Verunglimpfen seiner Kritiker von einer bewunderten und verehrten Ikone des Radsportes zu einer weltweiten Enttäuschung mutierte. Armstrong und sein Team haben so ziemlich alles richtig gemacht, was man üblicherweise als die relevanten Voraussetzungen für Erfolg bezeichnet. Er und sein Team waren besessen vom Willen zu siegen, hatten klare Ziele, waren bereit dafür zu kämpfen und vieles zu opfern. Aber sie hatten keine moralischen Werte, an die sie glauben konnten und keine Überzeugungen, für die sie im Zweifel auch verloren hätten. Es gab offenbar nur diesen einen Wert: zu siegen, um jeden Preis und auf jede Weise. Und dadurch sind sie am Ende aus den Siegerlisten verschwunden und alle Investitionen, alle Mühen und Opfer waren völlig umsonst. Statt des ersehnten Status von umjubelten Vorbildern sind sie zu abschreckenden Mahnmalen einer richtungslosen Siegideologie geworden.

Dieser finanzwirtschaftliche Reduktionismus, das Reduzieren von Allem und Jedem auf seinen/ihren Geldwert, ist im Wirtschaftsleben bereits weit fortgeschritten.

Wir sollten uns dessen bewusst sein, wenn wir über Tatsachen des Lebens nachdenken und darüber sprechen.

Das bedeutet für Kontinuum-basierende Führung etwas sehr Wesentliches: Man kann längerfristig nur mit Menschen auskommen, die dieselben Werte vertreten wie man selbst. Das gilt auch für Arbeitsgruppen, wenn sie nicht nur nebeneinander arbeiten sollen, sondern miteinander. Für Flow ist diese Forderung unabdingbar. Eine Gruppe, die in Flow geraten soll, braucht gemeinsame Überzeugungen. Tief empfundene und darum auch wirklich gelebte Werte sind der Treibsatz jedes Erfolges.

Wenn wir Kontinuum-basierende Führung und damit auch Flow verwirklichen wollen, dann müssen unsere Werte und die Werte unserer Mannschaft das abdecken, wovon wir in diesem Buch sprechen.

Wenn Zusammengehörigkeit beispielsweise kein Wert ist, der von der Führungsebene vertreten und gelebt wird, dann kann sich dieses Gefühl auch innerhalb der Gruppe nicht entwickeln. Wenn Respekt und Anstand auf höchster Ebene fehlen, dann können sie sich auch darunter nicht etablieren.

Exkurs: Die Wochenbesprechung

Führung ereignet sich im Kontakt miteinander. Eine wöchentliche Besprechung ist eine wunderbare Grundlage dazu. Für diese Wochenbesprechung gibt es eine eiserne Grundregel:

Es darf innerhalb der Wochenbesprechung nicht gearbeitet werden.

Was ist damit gemeint? Diese Besprechung dient der gegenseitigen Information und dem Aufrechterhalten der Trägerfrequenz.

Die Themen sind daher:

- Was geschah letzte Woche?
- Was liegt in dieser Woche an?
- Wo braucht jemand Hilfe?
- Wo kann jemand etwas beitragen?
- Wo kann sich jemand bedanken?

Das sind ganz konkrete Themen, die zügig besprochen werden können. Aber sobald jemand beginnt, ein Detailproblem zu bearbeiten, beginnt sich die Sitzung in die Länge zu ziehen. Meistens sind von einem Problem nur Einzelne betroffen, der Rest beginnt sich zu langweilen und auf die Uhr zu schauen.

Daher ist es essenziell, dass aufkommende Detailfragen sofort vertagt werden. Man kann sich gleich nach der Sitzung verabreden („*Klären wir das weitere Vorgehen gleich im Anschluss.*") oder einen Termin vereinbaren („*Machen wir uns dazu nachher einen Termin aus.*"). Keinesfalls darf das Abarbeiten aber während der Sitzung erfolgen, sonst stirbt diese sehr bald einen unbeweinten Tod.

Immer wieder notwendig und sinnvoll ist die Vermittlung von Werten und Vorgehensweisen, die alle angehen. Wenn Sie als Chef/Chefin bestimmte Vorstellungen weitergeben möchten, dann ist die Wochenbesprechung das richtige Forum („*Generell wünsche ich mir, dass wir in solchen Fällen folgendermaßen vorgehen ...*"). Das können interne Abläufe sein, also wie sich das Team gegenseitig unterstützen soll, oder Abläufe im Kundenkontakt oder gegenüber anderen Abteilungen. Sie können auch Wertefragen wie Respekt und Disziplin behandeln. Bedenken Sie aber, dass es eine Frage des Respekts den Mitarbeitern gegenüber ist, den vorgegebenen Zeitrahmen nicht zu überziehen. Wenn ein Thema zu lange dauern würde, ist es besser, dieses Thema auf das nächste Mal zu verschieben.

Kompetenz ist vor allem Lernbereitschaft in dem, was man tut

Kompetenz war lange Zeit dadurch definiert, dass man die wesentlichen Techniken seines Handwerks verstand. Dieser Anspruch genügt heute bei weitem nicht mehr. Die Anforderungen jeder Position ändern sich mit nie gekannter Geschwindigkeit. Was gestern noch als ausreichende Kompetenz eingestuft worden wäre, ist heute absolut unzureichend. Denken wir nur an die zunehmende Digitalisierung, die den PC in vielen Branchen als gleichwertiges Werkzeug neben Hammer und Schraubenschlüssel stellt oder an den 3D-Druck, der so unterschiedliche Branchen wie Stahlvertrieb, Hausbau, Schokoladeerzeugung und Nudelproduktion revolutioniert.

Weil Kompetenz dynamisch geworden ist, dürfen wir sie nicht mehr statisch interpretieren. Die wichtigste Kompetenz ist somit die Fähigkeit zu lernen und sich weiterzuentwickeln.

Damit ist sogar das Wort Lernen neu zu verstehen. Es meint nicht mehr das schulische Lernen, das Einprägen von Fakten, sondern es bezieht sich auf Änderungen in den grundlegenden Einstellungen zu dem, was man tut.

Lange Zeit funktionierte Verkaufen primär über den Informationsvorsprung des Verkäufers vor dem Käufer. Dieser Vorsprung ist durch das Internet nicht mehr existent und vielfach hat nunmehr der Käufer einen besseren Überblick über den Markt für ein spezifisches Produkt als der Verkäufer. Damit wird das Kräfteverhältnis zwischen Verkäufer und Käufer viel ausgeglichener und die Kommunikation und das Niveau der Dienstleistung müssen sich dem anpassen.

Technische Geräte wie Autos, Waschmaschinen etc. bestehen nach wie vor aus mechanischen Elementen, aber der Anteil der Elektronik nimmt mit enormer Geschwindigkeit zu. Das verändert das Kompetenzprofil von Verkäufern, Mechanikern und Kundendienstleuten im selben Ausmaß. Werkstätten, die die Kompetenz ihrer Mitarbeiter nicht konsequent erhöhen, werden zunehmend unfähiger, moderne Geräte zu reparieren und müssen sich auf alte Geräte beschränken, bis es diese nicht mehr in ausreichendem Maße geben wird.

Das Lehren und Lernen selbst ist im Umbruch, was nur durch die erstaunliche Trägheit der meisten öffentlichen Institutionen verschleiert wird. Während derzeit noch die Lehrer den Stoff vortragen und die Schüler zuhause allein gegen die Anforderungen der Hausaufgaben kämpfen, wird sich das in der Zukunft ändern müssen, wie zahlreiche erfolgreiche Experimente belegen. Über moderne Medien werden sich die Schüler zuhause mit dem Stoff vertraut machen und die Lehrer werden dann bei der Umsetzung der Theorie in die Praxis der Aufgaben zur Seite stehen. Das bedeutet eine vollkommene Umkehrung des Denkens auf beiden Seiten.

Wenn die Fähigkeit und die Bereitschaft zu lernen in den Vordergrund tritt, dann werden sich die Auswahlmechanismen von Bewerbern ändern müssen. Es genügt dann nicht mehr, die aktuelle Kompetenz abzufragen und zu testen. Im Vordergrund müssen dann diejenigen Fähigkeiten stehen, die mit Problemlösung, Ausdauer und Begeisterung zusammenhängen.

Nur dadurch kann die Kompetenz eines Mitarbeiters auf Dauer sichergestellt werden. Dieser Punkt ist von größter Bedeutung. Denn für das Eintreten in den Flow ist Kompetenz absolut erfolgskritisch. Kompetenz ist eine der wesentlichen Voraussetzungen für Flow. Solange man sich auf das, was man tut, konzentrieren muss, kann man nicht lockerlassen. Hingabe und Fokus auf das große Ganze sind unmöglich, solange man sich auf Details konzentrieren muss. Mangelnde Kompetenz erzeugt Probleme, weil zur eigentlichen Erledigung die Sorge dazu kommt, es wohl richtig zu machen.

Erst wenn die Erledigung sicher ist, wenn sie nur zu tun ist, also eher ein zeitliches Problem als ein fachliches, erst dann kann man sich gehen lassen, erst dann kann man sich voll auf die Sache einlassen ohne Sorge, Zweifel und Angst.

Auswahl neuer Mitarbeiter

Das ist der angenehmste Fall. Ein neues Team kann richtiggehend komponiert werden. Die Bewerber sollten anhand der hier dargestellten Flow-orientierten Kriterien betrachtet werden. Es gibt einen einzigen binären show-stopper, die negative Weltsicht. Sie scheidet die betroffenen Kandidaten aus.

Menschen mit negativer Weltsicht gehören nicht ins Team.

Alle anderen Schwächen sind lediglich Hinweise, welches Konfliktpotenzial zu erwarten ist. Bestimmte Eigenschaften sind somit Warnsignale, die wie Achtung-Schilder auf bestimmte Problempotenziale aufmerksam machen sollen, ohne die Integration der betreffenden Bewerber/innen generell zu verhindern.

Alle anderen Typen aus der Fordern/Fördern-Matrix können im Team wichtig sein.

Respekt und Disziplin können abgefragt werden. Manchmal reagieren Menschen schon beim Reden darüber allergisch auf diese Begriffe. Es bewährt sich darüber hinaus, einen kleinen Test zu konstruieren, indem man den Bewerber/die Bewerberin vorsichtig kritisiert. Das genügt oft schon, um die vorgespielte Oberfläche bröckeln zu lassen.

Es sei aber erneut darauf hingewiesen und kann ein Grund für Geduld und Nachsicht sein, dass kaum jemand eine auf dem Kontinuum basierende Erfahrung mit den Begriffen Respekt und Disziplin hat. Wenn man beides nur negativ erlebt hat, dann kann man darauf nicht positiv reagieren. Man weiß dann ja nicht, dass Respekt und Disziplin hier unterstützend und beschützend gemeint sind.

Wie jemand Respekt und Disziplin subjektiv erlebt, hängt von seinen/ihren Vorerfahrungen ab.

Wenn jemand keine Erfahrung mit einem Freund entsprechend der Fordern/Fördern-Matrix hat, dann passiert immer wieder einer der beiden folgenden Irrtümer.

Wenn ein Überförderer aus seiner linken oberen Ecke in Richtung auf die von ihm als aggressiv empfundenen Überforderer blickt, dann sieht er den Freund vor diesem Hintergrund und ordnet ihn dadurch ebenfalls den Überforderern zu. Aus seiner Sicht ist der Freund somit ebenfalls aggressiv und gefährlich. Ein Überförderer kann die Klarheit eines Freundes nicht so ohne Weiteres von der Grausamkeit und Gefühlskälte des Überforderers unterscheiden.

Umgekehrt wird einem Überforderer der Freund vor dem Hintergrund der Überförderer ebenfalls als Überförderer erscheinen. Seine Höflichkeit und Freundlichkeit lassen den Freund in den Augen eines Überforderers oft als schwach und harmlos erscheinen. Er wird ihn daher als leichtes Opfer betrachten. Ein Überforderer kann die Liebenswürdigkeit eines Freundes nicht so ohne Weiteres von der Schwachheit und Konfliktscheu des Überförderers unterscheiden.

Mit diesen Verwechslungen muss man rechnen, wenn man die Position eines Freundes anstrebt. Das ist keineswegs angenehm und zudem anstrengend, weil man dadurch oft den Angriffen von Überforderern ausgesetzt ist, die einen Freund irrtümlich für eine leichte Beute halten. Wenn man diesen Irrtum durch sehr entschiedenes Verhalten aufklärt, dann wird man schnell von den Überforderern gefürchtet, weil diese anfänglich nicht erkennen, dass sie beschützt und nicht bedroht werden.

Es erfordert Klarheit und zugleich Geduld, um den Mitarbeitern zu zeigen, dass man als Vorgesetzter an ihren Schutz denkt und an ihre Unterstützung.

Screening bestehender Mitarbeiter

Das ist der häufigste Fall. Ein Manager übernimmt eine bestehende Gruppe und hat auf kurze Sicht wenig Chancen, ihre Zusammensetzung zu ändern. Oder ein Manager hört das erste Mal von Kontinuum-basierender Führung und möchte seine Gruppe unter diesem Gesichtspunkt betrachten.

Von Anfang an muss folgendes beachtet werden:

**Der Übergang auf Kontinuum-basierende Führung
wird die Gruppe verändern.**

Kontinuum-basierende Führung betrachtet den Vorgesetzten als ganz wesentliches Element der Gruppendynamik. Er kann die Gruppe nicht unabhängig von sich selbst beurteilen, weil viele Verhaltensweisen ganz spezifische Reaktionen auf sein Chef-Verhalten sein werden. Die Einstellungen und das Verhalten der Gruppenmitglieder sind Reflexionen der Einstellungen und Verhaltensweisen des Vorgesetzten. Jede Veränderung in der Alpha-Rolle verändert sofort das Team. Dieselben Mitarbeiter zeigen bei unterschiedlichen Vorgesetzten ganz unterschiedliche Einstellungen und Verhaltensweisen.

Jedes Mitarbeitergespräch und jede Beurteilung eines Mitarbeiters zeigen also nicht irgendeine objektive Wahrheit über den Mitarbeiter, sondern zeigen immer seine Reaktion auf die Zusammenhänge innerhalb der Gruppe und insbesondere seine Reaktion auf die Alpha-Rolle.

Während in der Praxis also noch oft über einen Mitarbeiter gesprochen und dieser beurteilt wird als sähe man ihn ganz objektiv von außen, zeigen Erfahrungen mit der Kontinuum-basierenden Führung ganz klar, dass eine solche Beurteilung faktisch unmöglich ist. Der Inhaber der Alpha-Rolle beeinflusst ununterbrochen jedes Gruppenmitglied.

Wenn sich Vorgesetzte neu orientieren und Elemente der Kontinuum-basierenden Führung übernehmen, dann ändern sich die Kräfteverhältnisse in den betroffenen Abteilungen und die Teammitglieder reagieren darauf. Bevor man also sein Team beurteilt, sollte man zuerst sehr kritisch seine eigene Rolle beurteilen.

Kontinuum-basierende Führung bringt das Beste in Menschen hervor, jede andere Art von Führung bleibt darunter. Wenn also Manager nicht Kontinuum-basierend führen, dann erleben sie ihre Mitarbeiter anders als danach. Teammitglieder, die vorher wenig motiviert waren oder eher respektlos agierten, können sich unter der neuen Führung völlig ändern.

Wer sich allerdings als in der Wolle gefärbter Vampir erweist, gehört nicht ins Team. Wenn man diesbezüglich nicht handeln kann, dann muss man akzeptieren, dass das Team weit unter seinen Möglichkeiten bleiben wird. Ein einziger Vampir verdirbt das ganze Team. Wenn unter 10 Mitarbeitern ein Vampir ist, dann mindert das die erreichbare Leistung nicht um 10 %, sondern um mehr als 50 %. Das Team wird nicht in Flow kommen. Reibungsverluste werden enorme Energien vernichten. Es kommt wegen der ausbleibenden Selbstrealisation keine Begeisterung auf, keine Arbeitsfreude, keine Lebenslust. Energievampire sind keine Kätzchen, die gelegentlich die Tapete zerkratzen. Sie sind ausgewachsene Killer[30]. Und sie sind ansteckend.

Das ist meine Empfehlung für diese Fälle:

- Akzeptieren Sie, dass das Team durch den Vampir weit unter seinen Möglichkeiten bleibt.
- Isolieren Sie den Vampir seiner ansteckenden Wirkung wegen.
- Lassen Sie sich nicht von ihm erpressen wegen seiner angeblichen besonderen Fähigkeiten. Wenn er heute oder morgen aus anderen Gründen ausfiele, wenn er beispielsweise kündigen oder schwer krank würde, würde das Unternehmen oder die Abteilung vermutlich auch nicht kollabieren.

Für das Screening empfehle ich trotz der zu erwartenden Änderungen im Denken, der Einstellung und im Verhalten vieler Teammitglieder ein schnelles erstes Durchgehen. Dann hat man nach einiger Zeit der neuen Führung die Möglichkeit, Veränderungen systematisch festzustellen.

Das systematische Durchgehen aller Teammitglieder – bei großen Teams wohl zuerst nur der direkt unterstellten Mitarbeiter – kann dann auch als Basis für ganz konkrete Entwicklungsgespräche mit den Mitarbeitern dienen.

Das Etablieren von Führung

Das Etablieren von Führung ist speziell bei den ersten Malen kein einfacher Prozess. Kontinuum-basierende Führung ist völlig anders als das meiste, was Menschen vorher unter dem Begriff Führung erlebt haben. Das gilt sowohl für die designierten Alphas als auch für die Mitglieder des Teams. Meistens haben alle miteinander keine gleichwertigen Vorerfahrungen gemacht und müssen die Kontinuum-basierende Führung und ihre erstaunlichen Auswirkungen somit gemeinsam erleben. Das ist nicht einfach, weil man sich kaum ohne (unnötige, aber wer weiß das schon?) Befürchtungen an diese Sache heranwagen kann.

Aus diesen Gründen ist es keine einfache Sache, im eigenen Umfeld zum ersten Mal ganz bewusst Führung zu etablieren.

Die Aufgabe von Hierarchie

Die Hierarchie in einer Gruppe dient der Schaffung von Respekt und Disziplin. Wenn beides einmal etabliert ist, dann laufen die Dinge von außen gesehen so locker ab als gäbe es gar keine Hierarchie.

**Wenn Respekt und Disziplin herrschen,
kann man die Hierarchie beiseite legen.**

Das ist ein etwas widersprüchlicher Satz, denn die Hierarchie muss im Hintergrund präsent bleiben. Sie muss aber – und das ist es, was dieser Satz zum Ausdruck bringt – nicht ständig betont werden.

Für die ganze Gruppe ist diese Situation extrem angenehm und entspannend. Mit Worten lässt sich dieser Gruppenzustand kaum beschreiben. Er muss erlebt werden. Das ist nicht einfach, weil klare Führung selten ist. Hierarchie funktioniert in menschlichen Gemeinschaften meistens über die durch Positionen verliehene Macht und die damit zusammenhängende Vorsicht der Teammitglieder. Menschen, die diese Positionsmacht ablehnen, verfallen dann oft ins Extrem und lehnen jede Form von Hierarchie ab.

**Ohne Hierarchie
herrscht Anarchie,
mit Gewalt- und Angst-basierender Hierarchie
herrscht Willkür,
mit Kontinuum-basierender Hierarchie
herrscht Frieden.**

Kontinuum-basierende Führung ist das absolute Gegenteil von Gewalt und Angst. Sie handelt von Respekt anderen Menschen gegenüber, der sich früher oder später auf die gesamte Schöpfung ausdehnt. Die

Anwendung von Gewalt gegen jemanden oder gegen etwas ist damit nicht vereinbar. Wenn überhaupt Gewalt angewendet wird, dann immer nur *für* jemanden oder *für* etwas, nie gegen jemanden oder gegen etwas.

Sie ist getragen vom Wunsch nach dem Wohl der Gruppe und der in ihr versammelten Mitglieder. Kontinuum-basierende Führung beruht immer auf diesem Wunsch nach gemeinsamem Erfolg. Egal ob im privaten oder im beruflichen Umfeld, ein diesem Wort gerecht werdender Alpha handelt immer im Interesse des Ganzen, nie im eigenen Ego-Streben.

Es sind zwei Erkenntnisse, die es leichter machen können, die Schwierigkeiten beim Etablieren von Führung zu meistern:

1. Sie etablieren Kontinuum-basierende Führung nicht zum eigenen Wohl oder aus Machtgründen, sondern zum Wohle des betreffenden Menschen und des ganzen Teams.
2. Sie wissen, dass Sie Führung nicht permanent etablieren müssen, ganz im Gegenteil. Wenn Führung in Form einer akzeptierten Hierarchie einmal etabliert ist, dann funktioniert sie weitgehend von selber.

Etablierte Führung ist auf unverzichtbare Weise „verzichtbar".

Eine gut geführte Gruppe funktioniert fast von selbst. Sie braucht wenig Anweisungen und wenig Kontrolle. Es sind kaum Konflikte zu schlichten. Es braucht kaum irgendeine Form von Ermahnungen. Alles das sind Anforderungen, die bei fehlender oder Nicht-Kontinuum-basierender Führung durch Gewalt und Angst unverzichtbar erscheinen.

Ein Kontinuum-basierender Alpha ist nur dann verzichtbar, solange es ihn gibt. Er wird schmerzlich vermisst und dringend gebraucht, wenn es ihn nicht gibt.

In diesen zwei nur scheinbar gegensätzlichen Sätzen wird die Praxis ganz genau zusammengefasst. Das Ziel eines Kontinuum-basierenden Alpha ist es, das Team so zu stärken, dass es ihn nicht mehr braucht, was aber nie ganz erreichbar ist, weil es ohne ihn kein Team wäre.

Perfekte Führung ist somit ein Spiel mit dieser Grenze, an der das Team so selbstständig wie nur möglich agiert, ohne diese Grenze zu überschreiten und das Team im Stich zu lassen.

Diese Grenze ist nicht einfach zu finden. Ich kenne zahlreiche Chefs, die zwischen Extremen pendeln. Entweder sie machen alles selber oder sie kümmern sich gar nicht. Das umfasst dann ziemlich unterschiedslos alle Belange eines Projekts. Wenn diese Manager ein Projekt als ihres adoptiert haben, dann kümmern sie sich auch um die Dinge, von denen sie nichts verstehen oder die ihnen einfach nicht liegen. Und wenn sie ein Projekt abgegeben haben, dann mit Haut und Haar und auch in den Bereichen, in denen die „Erben" des Projektes heillos überfordert sind.

Das Problem ist die Aufgabenfixierung solcher Menschen. Sie sehen nie die Personen, sondern immer die Aufgabe vor sich. Die Lösung liegt darin, sich um die Menschen mit derselben Hingabe zu kümmern wie zuvor um die fachlichen Aspekte eines Projektes.

Zum Etablieren von Führung gibt es mehrere Anlässe:

- Immer am Anfang, wenn sich eine Gruppe bildet
- Wenn sich die Zusammensetzung der Gruppe ändert
- Wenn sich die Führungsstruktur ändert
- Wenn die Person an der Spitze wechselt
- Wenn Respekt und Disziplin nachlassen

Daraus wird offenbar, dass die Etablierung von Führung keine permanente Aufgabe ist. Wenn sie einmal etabliert ist, kann sie – wie schon mehrfach erwähnt – weitgehend vergessen werden. Die in den meisten Unternehmen und vor allem in den meisten Familien anzutreffende ständige Nörgelei und das permanente Herumbefehlen *„mach dies"*, *„mach das"*, entstehen gerade aus dem Ausbleiben dieses Führungsschrittes. Wenn keine Kontinuum-basierende Führung etabliert wird, dann herrscht eine Form von andauerndem Bürgerkrieg.

Ohne klare Führung rebelliert die Mannschaft ständig und das Management schlägt ebenso beharrlich ständig zurück. Es kommt nie zu einer stabilen Ordnung. Umso erstaunlicher ist es, dass dieses Hickhack immer wieder als Führung bezeichnet wird.

Das ständige Betonen der Hierarchie und die daraus resultierenden unangenehmen Folgen für die Stimmung in der Gruppe sind Konsequenzen einer nicht etablierten Kontinuum-basierenden Führung!

Durch das Etablieren von Führung kehrt Ruhe in ein Team ein. Die Regeln sind klar und dadurch auch die Grenzen für jeden Einzelnen. Im Normalfall ist dieses Etablieren ein zwangloser Schritt, der reibungslos abläuft. In den seltenen Ausnahmefällen kommt es zu Auseinandersetzungen mit einzelnen Teammitgliedern.

Die einzelnen Schritte um Führung zu etablieren

Dieser Fall ist meistens dann gegeben, wenn die Führungsrolle offiziell bereits zugeteilt ist. Dann braucht sie „nur" noch ausgeführt werden. Das ist beispielsweise dann der Fall, wenn man als offizieller Chef in eine Abteilung kommt, wenn man ein Unternehmen gründet und Mitarbeiter um sich sammelt oder wenn man als Vortragender einen Vortragsraum oder als Projektleiter einen Meetingraum betritt.

Im Normalfall wird die Gruppe den Führungsanspruch dieser offiziell designierten Person bis zu einem gewissen, immer wieder unterschiedlichen Grad akzeptieren. Das hängt naturgemäß auch von den Vorerfahrungen der Gruppe ab. Einfache Rahmenbedingungen werden im Normalfall zumindest nach außen hin angenommen.

Wenn Sie als designierter Alpha einen Raum betreten, in dem sich eine für Sie neue Gruppe versammelt hat, zum Beispiel eine Projektgruppe, mit der sie bisher nicht zu tun hatten oder die völlig neu zusammengesetzt wurde, dann ist es gut, wenn von Anfang an Ihre Aufgabe klargestellt wird.

Ideal wäre es, wenn ein akzeptiertes Mitglied der Hierarchie Sie als Projektleiter oder als zukünftigen Vorgesetzten der Gruppe vorstellt. Sobald Sie an der Reihe sind, sollten Sie sich der Situation bewusst sein: es geht anfangs nicht um die Arbeit, sondern um die Ordnung im Team.

Üblicherweise wird diesem Punkt keinerlei Aufmerksamkeit geschenkt. Der Projektleiter oder auch der zukünftige Chef spricht nicht über die Struktur des Teams, über Werte, Ziele, Kooperation, sondern beginnt mit dem Thema, in dem er/sie sich wohlfühlt: detaillierte Arbeit.

Es werden sofort die ersten Projektschritte besprochen. Das Höchste der Gefühle ist eine kurze Vorstellungsrunde der Teilnehmer (wenn

> *sich die Gruppe zum Beispiel in einem neuen Projekt noch über-*
> *haupt nicht kennt). Jede/r Teilnehmer/in sondert dann ein paar*
> *nichtssagende Sätze ab, man ist ja vorsichtig, weil man sich noch*
> *nicht kennt, niemand merkt sich die Aussagen der anderen, man ist ja*
> *auf die eigene Vorstellung konzentriert.*

Experimentieren Sie das nächste Mal mit einer völlig anderen Vorgehensweise.

1. Beginnen Sie mit PALES (**Fö**) an die Gruppe. Sagen Sie ihr, dass Sie sich auf die Zusammenarbeit freuen.

2. Stellen Sie sich vor und achten Sie darauf, dass Sie nicht nur über Ihre Funktion sprechen, sondern dass Sie selbst als Mensch darin vorkommen.

3. Sprechen Sie kurz über das Ziel des Projektes, was sich durch das Projekt ändern soll, also nicht über die Arbeit, sondern über das Ziel: was soll besser, einfacher, schneller, eleganter werden?

4. Erläutern Sie danach die Art der Zusammenarbeit, die Sie wünschen (**Fo**); Ihre Werte, Ihre Vorstellungen von Respekt, Disziplin, Kompetenz und von gegenseitiger Unterstützung.

5. Wenn die Anwesenden sich nicht kennen, dann bitten Sie die Teilnehmer um eine kurze Vorstellung und sorgen Sie dafür, dass auch diese Vorstellung nicht unpersönlich und dementsprechend nichtssagend ausfällt, indem Sie mit Interesse nachfragen, wenn Sie über die Menschen hinter den Funktionen mehr wissen wollen.

Sie sehen, das Etablieren von Führung geschieht im Normalfall einfach dadurch, dass Sie Kontinuum-basierend führen. Sie beginnen sofort damit, Ordnung und Ruhe in die Gruppe zu bringen.

Erst danach beginnen Sie mit der inhaltlichen Arbeit, die dann schon nach den verkündeten Regeln ablaufen soll. Es wird Ihre Aufgabe sein, diese Regeln immer wieder ins Bewusstsein zu rufen, denn Verhalten ändert sich nicht auf Zuruf.

Wenn also zum Beispiel jemand unterbrochen wird, dann werden Sie das nicht einfach hinnehmen, sondern in Ruhe und Bestimmtheit klarstellen, dass Sie das nicht dulden werden.

Wenn Argumente zynisch oder sarkastisch beantwortet werden, dann stellen Sie das ab. Es bewährt sich oft, den ursprünglichen Sprecher, auf den sarkastisch geantwortet worden war, zu bitten, seine Argumentation zu wiederholen. Betonen Sie, dass jeder und jede hier die Möglichkeit hat, seine/ihre Meinung in Ruhe darzulegen.

Kürzen Sie allzu lange Wortmeldungen und bitten Sie im Interesse der Gruppe um kürzere Beiträge, damit erstens alle drankommen können und zweitens etwas weitergeht.

Geben Sie immer wieder PALES an die Gruppe und an die einzelnen Sprecher/innen.

Fordern Sie positive Reaktionen ein und geben auch Sie selber durchgehend positive Stellungnahmen ab, außer es handelt sich um irrelevante, verzerrende, egozentrische oder sonstwie unpassende Beiträge, die Sie sofort höflich aber bestimmt zurückweisen.

Was sich hier kompliziert anhört, ist in der Praxis viel einfacher. Bleiben Sie Ihren Werten und Regeln treu und kommunizieren und beschützen Sie diese.

Exkurs: Kopfüber in die Arbeit

Eine immer wieder einmal auftretende Folge, wenn Führung auf diese Weise etabliert wird, ist Widerstand von Seiten einzelner Teammitglieder. Die Menschen sind so an das unpersönliche Funktionieren gewöhnt, dass sie so einen Beginn als Zeitverschwendung empfinden. Sie wollen losarbeiten wie sie es gewohnt sind. Sie glauben, das wäre effektiv und sie wollen keine Zeit verlieren.

Widerstehen Sie der Versuchung, der Arbeitsfixierung nachzugeben. Sie können kurz erläutern, warum Sie so vorgehen. Sie müssen das aber nicht. Wenn Sie es erläutern, dann nicht als Rechtfertigung, sondern eher im Sinne von Ausbildung. Sie erklären, warum das, was Sie tun, Sinn macht und warum es für Sie wichtig ist.

Seien Sie dabei in einem völlig sicher:

Der normale Einstieg in ein Projekt ist der Grund, warum Projekte immer länger dauern als gedacht und warum sie selten das Ergebnis liefern, für das sie eigentlich ins Leben gerufen wurden.

Eine andere Vorgehensweise ist aus diesem Grunde völlig risikolos. Schlechter als es derzeit im Projektmanagement in der Praxis läuft, kann es gar nicht mehr werden.

Der hier empfohlene Einstieg über die Etablierung von Führung bietet die Chance auf einen völlig anderen Ablauf der Zusammenarbeit.

Manches kann auch durch nonverbale Botschaften übermittelt werden, also abseits von Worten und Vorträgen.

Die Werte und Regeln sollten aber dennoch auch ausgesprochen werden. So wichtig die unbewusst aufgenommenen Informationen sind, so sind doch die bewusst verarbeiteten Botschaften in Verbindung mit dem, was real gelebt wird, die stärksten Signale.

Exkurs: Duldung von Respektlosigkeiten

Manche Menschen haben einen starken Widerstand gegen jede Autorität. Sie wollen Führung nicht akzeptieren. Die Gründe reichen von einer mode- und kulturell bedingten Aversion gegen jede Form von Autorität bis zu tiefgehenden Verwechslungen zwischen Gegenwart und Vergangenheit.

Sehr häufig genügt es, die Regeln konsequent einzufordern, wenn jemand widerspricht oder sich nicht an die vorgegebenen Regeln hält. Es sind oft nur Tests, wie ernst man es als Alpha meint. Wenn man darauf besteht, dann genügt das häufig.

Es genügt aber nicht immer. Bisher haben wir vom Licht/Schwert nur das Licht verwendet. Wenn das aber nicht ausreicht, dann ist auch der zweite Teil des Wortes gefragt: das Schwert.

Manchmal fordern Teammitglieder Sie heraus. Sie können Sie (noch) nicht als Alpha akzeptieren. Diese Situationen sind sehr ernst. Es ist gut abzuwägen, welche Strategie man einschlägt. Das hängt zum Großteil davon ab, welche Position man im größeren Zusammenhang hat.

Man sollte sich vorher darüber im Klaren sein, wie wichtig eine bestimmte Sache ist und was man dafür zu investieren bereit ist. Es gibt neben der offenen Auseinandersetzung auch zahlreiche andere Möglichkeiten, Teammitglieder zurechtzuweisen oder sogar loszuwerden.

Immer sollten Sie sich bewusst machen, dass solche Tests notwendig und keine Angriffe sind. Das Team muss Sie testen, damit es sehen kann, ob Sie wirklich stark genug sind, um das Team zu führen.

Schon diese Erkenntnis allein kann jede Situation verändern. Wenn Ihre Mitarbeiter Ihnen auf die ersten wirklich klaren Anweisungen hin nicht gehorchen, dann ist das nicht nur normal, sondern sogar notwendig. Sie müssen ja erst einmal herausfinden, ob Sie erstmals wirklich Ihre Führungsrolle akzeptieren und auch tatsächlich leben. Es könnte ja sein, dass Sie nur experimentieren und es gar nicht ernst meinen. Sie haben ein Buch gelesen (z. B. dieses hier ☺) oder ein Seminar besucht und jetzt probieren Sie im Überschwang der Begeisterung mal was Neues aus. Wenn das so ist, dann werden Ihnen Ihre Mitarbeiter völlig zu Recht nicht vertrauen. Sie sind nicht verlässlicher als früher. Sie führen nach wie vor nicht wirklich. Warum soll Ihnen ihr Team auf einmal trauen und vertrauen?

Teams müssen und wollen von einem oder einer Alpha geführt werden. Sie müssen sich sicher fühlen können, beschützt, mit klaren Zielen und Werten. Dazu genügt eine bloße Ankündigung in einer Sitzung nicht. Führung muss gelebt werden und genau das versuchen Ihre Teams zu überprüfen, indem sie Sie testen. Diese Tests werden Sie bestehen müssen oder Sie werden als zu gering empfunden. Das Gute ist allerdings, dass Sie nicht von Anfang an perfekt sein müssen. Lediglich Ihre Entscheidung, sich in Zukunft für die Menschen in Ihren Teams zu interessieren und das Beste aus Ihnen hervorzulocken - diese Entscheidung muss absolut sicher sein.

Das Etablieren von Führung muss nicht immer öffentlich erfolgen. Im Gegenteil. Wann immer es möglich ist, sollte zuerst ein Gespräch unter vier Augen stattfinden. Das gibt dem Mitarbeiter eine Chance, sich zu ändern und die Führungsrolle seines Vorgesetzten in Zukunft ohne Widerstand anzuerkennen.

Schritt eins: das Vier-Augen-Gespräch

Häufig bewährt es sich, als erster Schritt in einem vertraulichen Gespräch über den Widerstand des Teammitgliedes zu reden. Wenn Menschen echtes Interesse spüren, dann erkennen sie manchmal, dass sie gar nicht auf die Gegenwart reagieren, sondern auf eine Verwechslung zwischen Gegenwart und Vergangenheit. Bedenken Sie durchgehend die Werte des Kontinuums. Seien Sie respektvoll

(**Fördern**) und klar (**Fordern**). Betonen Sie die Stärken (**Fö**) und nicht nur die Schwächen, die Sie aber dennoch eindeutig und verständlich ansprechen müssen (**Fo**). Vermeiden Sie Herumgerede, das Sie nur schwächt.

1. Beginnen Sie positiv (**Fö**).
2. Schildern Sie das was Sie stört, ohne zu psychologisieren und zu verallgemeinern (**Fo**).
3. Lassen Sie sich von Ausreden nicht verwirren (**Fo**).
4. Bleiben Sie am Ziel interessiert. Es geht darum, dass man Ihre Position als Alpha akzeptiert (**Fo**).
5. Seien Sie immer wieder zwischendurch klar positiv: Lassen Sie nicht zu, dass das Gespräch zu einer Generalverurteilung Ihres Gesprächspartners verkommt (**Fö**).
6. Verstehen Sie die Beweggründe Ihres Gesprächspartners (**Fö**), aber akzeptieren Sie diese nicht als Ausreden dafür, dass er/sie sich nicht ändern will (**Fo**).
7. Fassen Sie am Ende das Ergebnis des Gesprächs eindeutig zusammen. Wenn der Gesprächspartner eingelenkt hat, dann freuen Sie sich darüber ohne in Feierlaune zu geraten, denn erst muss Ihr Gesprächspartner das Ganze tatsächlich umsetzen. Wenn der Gesprächspartner nicht eingelenkt hat, dann fassen Sie das Licht (was Sie erwarten) und das Schwert (was es für Konsequenzen hat, wenn er/sie nicht einlenkt) zusammen.

Das Ergebnis des Gesprächs wird Ihre Entschlossenheit widerspiegeln. Wenn Sie nur vage Andeutungen machen, was Sie stört oder wenn Sie erkennen lassen, dass Sie es auch akzeptieren werden, wenn sich Ihr Gesprächspartner nicht ändert, dann wird das Gespräch folgenlos bleiben. Nur wenn Sie wirklich entschlossen sind, eine Änderung herbeizuführen und wenn Sie deutlich machen, dass Sie keine weiteren Respekt- oder Disziplinlosigkeiten mehr dulden werden, werden Sie Erfolg haben.

Stufe zwei: die öffentliche Zurechtweisung

Wenn Stufe eins keine erkennbaren Konsequenzen hat oder wenn Sie auf Stufe eins verzichten wollen, dann ist es Zeit für die Stufe zwei. Sie ist für beide Seiten deutlich ernster.

Sie werden dann das vorhin dargestellte Gespräch in der Öffentlichkeit führen. Sie werden das Fehlverhalten benennen und klar und deutlich dazu auffordern, es umgehend zu korrigieren. Für den Gesprächspartner ist das sehr hart. Er/Sie verliert das Gesicht vor den Kollegen. Es muss klar sein, dass das zu einem schwer zu heilenden Bruch führen kann.

Manchmal ist diese Stufe aber nicht zu vermeiden und sie hat den unbestreitbaren Vorteil, dass nicht nur der/die Betroffene eine Lernchance erhält, sondern auch alle anderen, die nach so einer Situation wissen, dass es Ihnen mit Ihrem Führungsanspruch ernst ist.

Für die betroffenen Menschen ist so eine Situation manchmal ein heilsames Schockerlebnis. Sie sind es nicht gewohnt, wenn sie jemand klar und unmissverständlich zur Rede stellt. Dieser Schock kann die Einstellungen und Denkweisen eines Menschen aufrütteln und neu zusammensetzen und damit eine Änderung herbeiführen.

Viele Menschen tun sich mit dieser Stufe sehr schwer. Das gilt sowohl für die Alphas als auch die anderen Teammitglieder. Es scheint manchen Führungskräften und auch Eltern leichter zu fallen, in gelegentlichen Wutausbrüchen herumzuschreien, als in einem bewussten und ruhigen Gespräch klar zu sein. Wutausbrüche entziehen sich der bewussten Kontrolle. Sie passieren jemandem, der nicht gewohnt ist, seine negativen Gefühle zu kontrollieren. Der hier dargestellte Ablauf unterliegt dagegen der bewussten Kontrolle und zielt auf eine Änderung.

Die anderen, nicht direkt betroffenen Teammitglieder sind meistens ebenfalls überrascht. Gerade die konstruktivsten Teilnehmer fürchten danach, sie könnten die nächsten sein. Sie bemerken oft gar nicht, dass der/die Alpha gerade das Team beschützt, indem er/sie die Werte und

Regeln und Ziele verteidigt. Wir lösen mit jedem Konflikt eine solche Menge an persönlichen Erinnerungen in den Anwesenden aus, dass man unmöglich auf jeden Einzelnen davon eingehen könnte. Alles, was man dann tun kann, ist, schrittweise und mit Geduld auf die Kraft des Kontinuums zu setzen und darauf zu vertrauen, dass einzelne Teilnehmer diesen Weg als positiv erkennen und ihre Kollegen umzustimmen beginnen. Dieser Effekt ist weitgehend sicher, wenn die Menschen zuvor vom Leben oder der betreffenden Organisation nicht zu sehr enttäuscht worden sind.

Ich habe einmal völlig friedlich auf einen erstaunlichen Wutausbruch eines Teilnehmers reagiert, auf ein Ausmaß an Wut, das ich in dreißig Jahren mit zigtausenden Menschen kaum einmal erlebt habe. Ich war dennoch völlig ruhig und konnte den Teilnehmer immer wieder zurückführen und mit ihm sogar Einigkeit darüber erzielen, dass ein bestimmtes privates Thema in seinem Leben der Auslöser gewesen sein könnte.

Dennoch hörte ich später, dass zumindest einige Teilnehmer der Gruppe mich als aggressiv erlebt hätten. Sie waren offenbar so überwältigt von dem Geschehen, dass sie nicht mehr unterscheiden konnten, was da eigentlich vorgegangen war.

Für mich war offensichtlich, dass ich unwissentlich in ein inneres Wespennest dieses Menschen gestochen hatte. Was mich immer wieder erschüttert, ist die Tatsache, dass solche wandelnden Zeitbomben in unserer Kultur als ganz normal akzeptiert werden. Die Teilnehmer unterhielten sich mit ihm in der Pause, als wäre nichts geschehen. Sich diesen Mann als Ehemann und Vater vorzustellen, macht keine Freude.

Exkurs: Der Sonderfall des Energievampirs

Generell gibt es auf das Verhalten eines Energievampirs nur eine einzige Reaktion: Ausschluss des Vampirs aus der Gruppe. Ob das in einer dramatischen Aktion vor aller Augen passiert oder in einer Vier-Augen-Situation ist belanglos, soweit es den Vampir betrifft.

Es geht, wenn die Entscheidung einmal gefallen ist, vor allem um das verbleibende Team, dem die Gründe für die Entscheidung mit Respekt gegenüber dem ausscheidenden ehemaligen Mitglied zu vermitteln ist.

Das Problem ist also nicht der Umgang mit dem Vampir, sondern die Unterscheidung zwischen Respektlosigkeit durch ein Führungsvakuum und Vampirtum.

In längeren Kontakten wird sich diese Frage in Ruhe klären lassen, in kurzen Kontakten wie in einem Seminarsetting ist das oft schwierig. Der Unterschied sei kurz noch einmal angerissen: Respektlosigkeit durch ein Führungsvakuum lässt sich durch Führung beheben, ein Vampir dagegen ist lernresistent und auch durch Führung nicht heilbar.

Somit funktioniert die Feststellung, was bei einem Teammitglied vorliegt, grundsätzlich über das ganz normale Etablieren von Führung. Es werden Werte und Regeln vorgestellt und ihre Einhaltung eingefordert.

Da die Mitglieder nach einem Führungsvakuum sich üblicherweise respekt- und disziplinlos verhalten, wird es ziemlich bald zu Verstößen gegen diese Regeln kommen. Das ist nicht böser Wille, sondern Gewohnheit.

Ohne also irgendetwas organisieren zu müssen, entsteht von selbst eine kritische Situation, in der das Team die noch nicht vorhandene Autorität des noch nicht etablierten Alphas angreift. Für das Team ist das ein ganz normales Verhalten, das ihm möglicherweise nicht einmal besonders auffällt oder gar bewusst wird.

Erst wenn der oder die zukünftige Alpha das Verhalten nicht so wie bisher einfach hinnimmt, sondern aus einem tiefen Verständnis der Kontinuum-basierenden Führung die Einhaltung der Werte und Regeln einfordert, wird klar, dass sich etwas geändert hat.

Jedes einzelne Teammitglied muss sich in dieser Situation entscheiden, ob es den Alpha und diese neue Art der Führung akzeptiert.

Nochmals erinnere ich an die Testphase, in der die Teammitglieder die Haltbarkeit des neuen Verhaltens des Chefs überprüfen werden. Menschen können sich nicht innerhalb weniger Sekunden jemandem anvertrauen, von dessen Vertrauenswürdigkeit und Stärke sie noch nicht überzeugt sind. Diese Zweifler sind keineswegs zwangsläufig Vampire, das sollte hier klar zu erkennen sein. Sie hatten niemanden, dem sie bisher vertrauen konnten, und darum verhalten sie sich dem Neuen gegenüber zuerst einmal respektlos. Die früheren Chefs haben ja nicht wirklich geführt, sondern lieber Excel-Tabellen oder andere Statistiken ausgefüllt.

Auch für Vampire kommt Unterordnung nicht infrage. Sie vertrauen niemandem und sind immer auf der Suche nach neuen Opfern. Ein Vorgesetzter, der für Ordnung sorgt und die Mitglieder des Teams dazu anhält, sich an Regeln zu halten und der sogar ankündigt, hohe Ziele zu verfolgen und das Team gegen Destruktivität in jeder Form zu beschützen, passt nicht im mindesten in dieses Lebenskonzept.

Die Unterscheidung zwischen diesen Arten von Widerstand ist nicht immer leicht. Man wird sich an die Wahrheit langsam herantasten müssen.

Die konstruktiven Teammitglieder werden etwas Zeit brauchen, werden aber schon bald zumindest Einsicht zeigen und sich einfügen, wenn sie die enormen Vorteile der Kontinuum-basierenden Führung erkennen.

Vampire dagegen sind lernresistent. Ihr Widerstand ist immer stark, meistens (aber nicht immer) offen respektlos, meistens (aber nicht immer) undiszipliniert, meistens (aber nicht immer) aggressiv. Sie geraten entweder in Wut, dann kommt es zu Aggression und offenem Widerstand oder sie erstarren und schweigen. Dann ist der Widerstand weniger offensichtlich, aber um nichts weniger hartnäckig.

Die Stimmung im Team

Wir haben oben die beiden Elemente „die (für eine Aufgabe) richtigen Menschen" und die „Stimmung im Team" kombiniert. Diese Stimmung genauer zu beschreiben ist Aufgabe dieses Kapitels.

Die Stimmung ist Chefsache

Es geht bei der Stimmung um die Art der Zusammenarbeit, um den Grundton, auf dem sich dann das konkrete Geschehen abspielt.

Es ist nicht egal, in welcher Verfassung das Team zusammenarbeitet. Umso eigentümlicher mutet es an, wenn Chefs diese Verfassung vollkommen ignorieren. Viele Chefs – das Wort Alpha wäre hier völlig unangebracht – behandeln die Mitglieder ihrer Teams wie Getränkeautomaten, die halt zufällig nebeneinander stehen. Wenn sie nicht funktionieren, dann werden sie als kaputt betrachtet. Dass es an der Struktur liegen könnte, auf diese Idee kommt kaum einmal jemand. Der bloße Gedanke hat schon etwas Blasphemisches, deutet er doch an, das Nicht-Funktionieren eines Teammitgliedes könnte mit der Organisation oder gar mit dem Vorgesetzten zusammenhängen.

Wir sollten uns hier an einen Satz erinnern, den wir im Zusammenhang mit Kontinuum-basierender Führung schon öfter verwendet haben. Probleme mit einem Mitglied des Teams liegen häufig nicht in diesem Mitglied, sondern in mangelnder Führung begründet.

Für die Stimmung im Team ist der/die Alpha verantwortlich.

Das gilt auch dann, wenn die schlechte Stimmung ganz klar von einem bestimmten Mitglied der Gruppe ausgeht, denn auch für die Auswahl des Teams ist der/die Alpha zuständig.

Die Stimmung im Team ist permanent zu beobachten.

Der/die Alpha muss ein permanentes Sensorium für die Stimmung entwickeln. Jedes Anzeichen von Respektlosigkeit, mangelnder

Disziplin, Streit, von schlechter Laune, von Neid, Eifersucht, Unlust, Sorge, Angst und Zweifel muss zumindest am Rande des Bewusstseins aufgefangen werden. Das bedeutet nicht, dass immer sofort darauf reagiert werden muss. Aber es muss für den/die Alpha so wichtig sein, dass eine Art von Alarmglocke in ihm/ihr sofort anschlägt, wenn solche Erscheinungen sich ankündigen. Je früher er/sie das erkennt, desto ruhiger kann darauf reagiert werden.

Erfolgreiche Führungspersönlichkeiten reagieren sehr empfindlich auf Veränderungen in ihrer Umwelt. Schwache Chefs dagegen nehmen gar nichts wahr. Sie sind auf die Arbeit fixiert und alles andere empfinden sie als Ablenkung.

Wie bei allem Neuen und Ungewohnten ist das Beobachten der Stimmung anfangs Arbeit, auf die man sich immer wieder fokussieren muss, was anstrengend ist und schnell zu mentaler Erschöpfung führt. Mit zunehmender Übung wird es zu einem im mentalen Hintergrund ablaufenden Prozess, der kaum mehr bewusste Aufmerksamkeit braucht.

Es ist wie jedes Üben mit dem Autofahren vergleichbar, wo die permanente Beobachtung zahlreicher Variablen, z. B. Gegenverkehr, Abbiegespuren, Überholer, Fußgänger etc., anfangs hohe Konzentration erfordern und mit der Zeit ganz automatisch im Hintergrund ablaufen.

Die Elemente der richtigen Stimmung

Sicherheit

Das Team braucht vor allem Sicherheit bei seiner Arbeit. Kinder brauchen Sicherheit innerhalb der Familie, dann kann ihnen die äußere Welt kaum etwas oder zumindest viel weniger anhaben. Mitarbeiter brauchen Sicherheit innerhalb der Abteilung oder des Unternehmens. Dann stellen sie sich den Härten des Wettbewerbs mit einem ganz anderen inneren Hintergrund.

Außerhalb des Teams kann es also fast beliebig wild umgehen. Aber innerhalb des Teams müssen

- die Rolle, Bedeutung und Aufgabe sicher sein und
- Respekt und Disziplin herrschen.

Rolle

Jedes Teammitglied muss wissen, an welcher Stelle er oder sie steht. In einem Orchester weiß jeder Instrumentalist, wo er oder sie sitzt und welches Instrument er oder sie spielt. Diese Voraussetzung wird in den meisten Unternehmen noch am ehesten gegeben sein. Ein Buchhalter kennt seine Aufgabe normalerweise und wird sie nicht mit der Rolle der Assistentin der Geschäftsführung verwechseln.

Bedeutung

Hier hakt es erstmals in den meisten Gruppen. Über die Bedeutung einer Aufgabe wird selten gesprochen. Die Mitglieder des Teams haben ihre Arbeit zu erledigen und über mehr wird gar nicht nachgedacht.

Auf diese Weise entstehen nur die Mindestbeiträge der Mitarbeiter. Diese führen nicht in Flow, sie führen in Langeweile und Durchschnitt.

Der Durchschnitt ist dort,
wo die Schwächsten der Guten sich mit den Besten
der Schwachen treffen!

Jeder Mitarbeiter muss sich seiner Bedeutung bewusst sein. Der/die Alpha muss daher immer wieder darauf hinweisen. Er/sie muss gebetsmühlenartig immer wieder betonen, welche Bedeutung der Beitrag jedes und jeder Einzelnen für den Gesamterfolg hat. Dazu muss es naturgemäß Ziele und Werte geben. Das haben wir schon besprochen. Hier geht es darum, dass diese nicht durch Rundschreiben verwirklicht werden. Sie müssen gelebt werden, der/die Alpha muss sich ständig darauf beziehen.

Beispiele:

- Die Reinigungsleute müssen wissen, dass es ohne sie zum Super-GAU käme, weil die Mannschaft im Dreck ersticken würde. Das müssen auch die anderen Mitarbeiter wissen, weil sie ihren eigenen Beitrag sonst für wichtiger halten könnten, was sich unweigerlich in mangelndem Respekt niederschlagen würde.
- Die Telefonistin muss wissen – und dazu muss sie es immer wieder hören – dass sie die Visitenkarte nach außen ist. 100 % der täglichen Kontakte gehen über ihren Schreibtisch, nur vielleicht 5 % gehen über den Schreibtisch des Chefs. Sie kann den wichtigsten Anrufer des Jahres vergraulen, weil sie ihn in der Leitung hängen lässt. Sie kann einen wesentlichen Deal verhindern, weil sie einen versprochenen Rückruf vergisst. Sie kann aber auch einen verärgerten Anrufer beruhigen, indem sie ihn ernst nimmt und sich rasch und verlässlich um sein Anliegen kümmert.
- Die Buchhalterin muss wissen, dass eine falsche Ausgangsrechnung für den Kunden ein bedeutendes Ärgernis darstellt und dass eine nicht rechtzeitig bezahlte Eingangsrechnung den Werten des Unternehmens widerspricht (angenommen, dieser Wert existiert). Sie muss wissen, dass

Kundenanfragen wegen einer Rechnung sensibel zu behandeln sind. Sie muss wissen, dass man einen Kunden nicht bittet, nochmals oder an einer anderen Stelle im Unternehmen anzurufen, wenn es ein Problem mit seiner Rechnung gibt, sondern dass sie ihm versichern muss, sich umgehend darum zu kümmern und dass die Art und Weise, wie sie das handhabt, den Umsatz der nächsten Jahre beeinflusst.

- Ein Kundendiensttechniker muss wissen, wie er sich beim Kunden zu benehmen hat, weil die Tatsache, ob er sich die Schuhe auszieht oder nicht, den Ausschlag geben wird, ob dieser Kunde ein Kunde bleibt oder zur Konkurrenz wechselt.

Es gibt keinen Job im Unternehmen, der nicht Bedeutung hat. Was ein/eine Alpha tun muss, ist, diese schlichte Tatsache ständig ins Bewusstsein zu rufen.

Zielbeitrag

Es genügt nicht, eine Jobbezeichnung zu vergeben und zu betonen, wie wichtig dieser Job ist. Es muss klar sein, welches Ziel oder welche Ziele damit erreicht werden sollen. Erst dadurch wird klar, wie wichtig die Rolle ist.

Ich hatte vor einiger Zeit die Gelegenheit, einem weltberühmten Dirigenten bei einer Probe zuzuhören. Es war faszinierend, wie er den Musikern ihre Aufgabe in den einzelnen Takten (!) verdeutlichte.

Man könnte meinen, dass die Noten klar definieren, was zu spielen ist (die Rolle). Es gibt in der klassischen Musik keine Improvisation. Die meisten klassischen Musiker sind nicht imstande, irgendetwas zu spielen, was nicht in Noten festgeschrieben ist. Man könnte also weiterhin meinen, dass der Dirigent nur dafür zu sorgen hat, dass alle gemeinsam einsetzen und aufhören und dazwischen im Takt bleiben. Aber dazu wäre ehrlich gesagt ein Metronom genauso geeignet und deutlich kostengünstiger.[31]

Der Dirigent erläuterte den Musikern, mit Geschichten über die Entstehungszeit der Musikstücke und über die emotionelle Bedeutung der jeweiligen Takte, ihre Aufgabe. Er wies einzelnen Instrumenten oder Solisten klare Aufgaben zu, also z. B. traurig zu spielen oder mit Esprit, drohend oder wehmütig. Er verglich die Noten mit dem Sonnenaufgang oder dem Sonnenuntergang, er zitierte den Komponisten und seine überlieferten Bemerkungen, er bezog sich auf Konkurrenten oder Vorbilder des Komponisten, um bestimmte Anliegen deutlich zu machen. Und das alles bei fest vorgegebenen Noten und fest vorgegebenem Tempo.

Wir müssen den Mitgliedern unserer Teams klar machen, welche Auswirkungen ihre Tätigkeit beim Kunden haben soll. Ideal eignen sich dazu Geschichten über Erlebnisse, die wir selber hatten und die jeder verstehen kann. Wir sollten solche Geschichten sammeln, die unsere Werte und Ziele verdeutliche. Entweder weil sie im negativen Fall zeigen, wie schwerwiegend sich ein Versagen auswirkt oder weil sie im positiven Fall zeigen, welche Begeisterung und Freude mit einer perfekten Leistung ausgelöst werden kann.

Respekt und Disziplin

Wie schon mehrfach erwähnt, sind Respekt und Disziplin unverzichtbare Voraussctzungcn für Sicherheit.

Respekt und Disziplin werden als Wertschätzung erlebt. Menschen in einem respektvollen Klima erleben sich als angenommen, als geschätzt, als wertvoll. Sie entwickeln dadurch Selbstvertrauen und damit setzt sich eine Entwicklung in Gang, die erstaunliche Ergebnisse ermöglicht.

Wenn Respekt und Disziplin gegeben sind, dann kann Liebenswürdigkeit in großem Stil gelebt werden. Es gibt keine Machtkämpfe mehr, kein Hickhack, kein Mobbing, keine Intrigen, keine Eifersucht, keine Bevorzugung. Stattdessen gibt es jederzeitige Hilfe, liebenswürdige gegenseitige Unterstützung, Schutz des Einzelnen, Lob und Herausforderungen im Sinne von *„du kannst das, lass dich nicht aufhalten"*.

Werte- und Zielorientierung

Neben der Sicherheit ist dieser Parameter die zweite Dimension, die es zu beachten gilt. Für das Tagesgeschäft müssen die Ziele auf verständliche Weise auf die einzelnen Mitarbeiter heruntergebrochen werden. Es geht in aller Regel darum, was das einzelne Mitglied des Teams *für das Team* tun kann. Menschen wollen unterstützt werden und sie wollen unterstützen. Je lokaler desto besser.

Die folgenden Beispiele sollen Anregungen geben. Die Antworten sollen immer in diese Richtung gehen: Was können wir tun, um dem Anderen das Leben zu erleichtern? Wie können wir uns die Arbeit – die wir unvermeidbar zu erledigen haben – gegenseitig so angenehm und so reibungslos wie möglich machen?

- Was kann die Produktion für den Vertrieb tun?
- Was kann der Vertrieb für die Produktion tun?
- Was kann die Buchhaltung für den Vertrieb tun?
- Was kann der Vertrieb für die Buchhaltung tun?
- Was kann in einer Steuerberatung die Buchhaltung für die Bilanzierer tun?
- Was können die Bilanzierer für die Buchhalter tun?

Die Beiträge der einzelnen Teammitglieder sind zwar insgesamt am großen Ganzen auszurichten, ihre Bedeutung muss aber daran gezeigt werden, was der und die Einzelne direkt für jemanden tun kann, der oder die zum Team gehört. Letztendlich geht es um die große Frage: *„Was können wir alle für den Kunden tun?"*. Aber näher ist uns die Nachbarabteilung. Näher sind uns die eigenen Kollegen. Und wenn wir jedem und jeder Einzelnen helfen, seinen/ihren Job besser, leichter, effizienter zu machen, dann erreichen wir genau dieses übergeordnete Ziel: wir maximieren den Kundennutzen, auf dem der/die Alpha das Auge haben muss.

Es hat sich gezeigt, dass es äußerst hilfreich ist, wenn jede Abteilung immer wieder einmal Rückmeldungen erhält, wo sie wie geholfen haben oder helfen könnten. Motivation lebt von Rückmeldungen. Konkrete Programme in dieser Richtung haben enorm positive Folgen gebracht, auch direkt in umsatzrelevanten Ergebnissen.

Dabei können auch die Werte erläutert, vertieft und verankert werden. Das geht in einem schrittweisen Prozess fast nebenbei und erfordert keine aufwändigen Motivationsveranstaltungen, deren Effektivität ohnedies mehr als kritisch zu hinterfragen ist.

Der Drei-Stufen-Prozess

In tierischen Rudeln kann man einen Ablauf beobachten, der das ständige Überprüfen der Führungsstruktur deutlich macht. An der Omnipräsenz dieses Ablaufs erkennt man die überragende Bedeutung dieser Struktur für das Überleben des Rudels. Das reibungslose Funktionieren dieses Ablaufs erfordert Mut, Klarheit und Entschiedenheit auf der Seite des Führenden und Respekt und Disziplin auf der Seite der Rudelmitglieder.

Dieser Ablauf funktioniert auch bei uns Menschen hervorragend, wenn er beherrscht und angewendet wird. Wenn er fehlt, dann entsteht in einer Gruppe der für jede Verletzung des Kontinuums typische tiefgehende Stress. Er schaukelt sich auf und beide Seiten sind schon nach kurzer Zeit weitgehend hilflos, wenn es darum geht, eine angenehme Zusammenarbeit zu etablieren.

Das Kontinuum hat in seiner langen Entwicklung viele typische Gruppensituationen ritualisiert. Sie sind tief im Individuum verankert und funktionieren ohne Nachdenken.

Unsere menschliche Kultur hat bei zahlreichen Abläufen die Be-deutung nicht verstanden und sie daher in den Hintergrund gedrängt. Der 3-Stufen-Prozess ist dafür ein typisches Beispiel.

Das Etablieren von Führung, die Bedeutung von Respekt und Disziplin, das Vertrauen in das Kontinuum und vieles andere werden plötzlich klar, wenn man diesen Ablauf durchdenkt und – noch besser – wenn man ihn erlebt.

Der Ablauf beginnt, wenn ein Mitglied der Gruppe (biologisch: des Rudels) den oder die Alpha absichtlich oder unabsichtlich respektlos behandelt. Ich schildere das zunächst am Beispiel eines Wolfsrudels:

1. Als erste und spontane Reaktion *muss* das Alphatier den Missetäter beißen.
2. Daraufhin zeigt das hierarchisch unterlegene Tier seine Kehle oder seinen Bauch.
3. Daraufhin *kann* das Alphatier den Anderen *nicht* mehr beißen und er/sie kann sich davonmachen.

Nichts bleibt zurück. Alles ist schnell und reibungslos geklärt worden. Ich werde diesen schlichten Ablauf im Folgenden auf menschliche Kontakte übertragen und in seinen drei Bestandteilen detaillierter schildern und auch auf die zahlreichen Fehlentwicklungen eingehen, die es uns so schwer machen, damit umzugehen.

Der erste Schritt: Schnelle Reaktion auf Respektlosigkeiten

Dieser Schritt wird praktisch nie verstanden. Mitarbeiter fordern ihren Chef immer wieder heraus und wundern sich dann, wenn dieser sich zu wehren beginnt. Das wird in aller Regel als arrogant interpretiert, als *„er glaubt, etwas Besseres zu sein"*.

Diese Entwicklung zu beobachten, ist immer wieder schmerzhaft, weil sie zu einer Kette an Missverständnissen führt, die eine Gruppe tiefer und tiefer in Stress führt. Man versteht sich nicht mehr. Alle meinen es anfangs gut, wollen das Beste für die Gruppe, aber nach einer gewissen Zeit ermüdet dieser gute Wille und es bleibt diese unterschwellige Feindseligkeit über, die jede Zusammenarbeit zerstört, die Menschen ineffizient werden lässt, die Ergebnisse verschlechtert, alles unendlich viel länger dauern lässt, als es notwendig wäre, und schließlich zu Krankheiten verschiedenster Art führt. Niemand profitiert von diesem Unsinn. Ohne diesen Ablauf, der mit dem ersten Schritt beginnt, verlieren alle.

Ein Alpha im Sinne des Wortes versteht das instinktiv. Er/sie spürt, dass Respektlosigkeit der Anfang vom Ende ist. Aber viele Führungskräfte und Eltern haben dieses Wissen verloren oder haben es mangels Vorbild nie entwickelt.

Exkurs: Verstehen in die Zukunft

Viele Führungskräfte glauben, sie müssen alles verstehen. Das allein wäre ja auch noch gar nicht falsch. Aber sie glauben, dass verstehen zugleich akzeptieren bedeutet. Sie glauben, dass alles, was einen Grund hat, zugleich auch richtig ist.

**Verstehen bedeutet nicht zwangsläufig,
das, was man versteht, auch zu akzeptieren.**

Klassisches Verstehen bedeutet, dass man für eine bestimmte Sache eine logische Kette an Begründungen finden kann. Dann weiß man, warum es zu einer bestimmten Entwicklung kam. Aber selten sind diese Begründungen zwingend. Es gibt Kinder, die beginnen zu rauchen, weil ihre Eltern geraucht haben. Das klingt absolut zwingend. Von Kind an waren Zigaretten ganz natürliche Begleiter und daher war es nur logisch (!), dass ein Kind auch damit begonnen hat. Das Fatale an dieser Erklärung ist nur dieses: manche Kinder rauchen genau darum nicht. Sie haben das Rauchen und die damit verbundenen Begleitumstände geradezu hassen gelernt. Es gibt also in jeder Entwicklung ein subjektives Element, es gibt immer die Möglichkeit, sich so oder anders zu entscheiden. Wenn man diese Entscheidungsmöglichkeit ignoriert und den Menschen als passives Opfer seiner Umstände betrachtet, beraubt man ihn seiner Würde.

Wenn man bei dieser Auffassung von Verstehen stehen bleibt, dann „versteht" man zwar alles, man steckt aber genau mit diesem Verstehen fest, denn jetzt zementiert man das, was man ursprünglich ändern wollte, indem man es mit einer logischen Beweiskette herleiten kann, die ganz schnell zwingend erscheint. *„Ich muss ja so sein wie ich bin, das liegt an meiner Kindheit"*. In der Bedeutung unserer Kindheit für unser Leben liegt zwar jede Menge Richtigkeit, aber dennoch ist nichts davon zwingend. Und vor allem: *„Was habe ich jetzt davon, dass ich für die Probleme meines Lebens eine Ursache oder einen Schuldigen gefunden habe? Was wird dadurch besser? Was ändert sich?"*.

Betrachten wir einmal eine andere Auffassung von Verstehen. Sie berücksichtigt das Kontinuum, das sich nicht nur in unsere Vergangenheit erstreckt, sondern das ewig weitergehen wird.

Was ich hier beschreibe, ist also nicht das Gegenteil von Verstehen, sondern seine Weiterentwicklung. Verstehen im üblichen Sinn sieht nach hinten, in die Vergangenheit. Dieses klassische Verstehen versucht herauszufinden, warum es so weit gekommen ist, wie es eben kam. Kontinuum-basierendes Verstehen sieht in die Zukunft und versucht herauszufinden, wie das Ganze enden wird, wenn es unverändert weiterläuft. Ich hoffe, es wird unmittelbar klar, dass dieses Verstehen etwas ändern kann. Wenn man nur die Vergangenheit versteht, dann ist man wie gelähmt, denn die Vergangenheit kann man nicht mehr ändern. Aber wenn man die Zukunft versteht, die ja ebenfalls Teil des Kontinuums sein wird, dann hat man plötzlich die Fäden in der Hand.

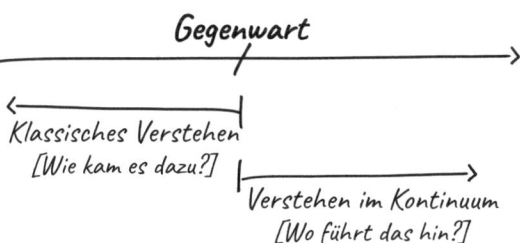

**Klassisches Verstehen blickt in die Vergangenheit
und erklärt das Woher.
Kontinuum-basierendes Verstehen sieht in die
Zukunft und erklärt das Wohin.**

Daher wird ein Alpha immer „in die Zukunft verstehen". Dadurch sind Tiere, die ja ungebrochen in ihrem Kontinuum leben, nicht nachtragend, machen sich keine Vorwürfe und vergeuden dadurch auch keine Energie. Sie befassen sich nicht mit dem Woher und Warum, sondern ausschließlich mit dem Wohin.

Es ist dieser gedankliche Schritt, der eine völlig neue Welt öffnet. Es ist das „Verstehen in die Zukunft", das uns frei macht.

Die enorme Bedeutung dieses Schrittes kann gar nicht hoch genug eingeschätzt werden. Wenn man im klassischen Verständnis bleibt, ändert sich nichts. Alle verstehen alles, aber nichts ändert sich.

Der Schritt in die Zukunft ist vielfach mühsam, weil er nicht im bloßen Verstehen verbleibt, sondern zur Aktion herausfordert. Aus Opfern werden Gestalter.

Weil sich der/die Alpha für die Zukunft verantwortlich fühlt, sieht er/sie die Auswirkungen von respektlosem Verhalten in der Zukunft und tut alles, um diese Auswirkungen zu verhindern. Das Kontinuum hat das genial geregelt.

Mit dem Problem des Anfangs-nicht-verstanden-werdens muss sich jeder und jede Alpha abfinden. Wir Menschen leben nicht mehr in einem ungebrochenen Kontinuum und daher ist auch das Verständnis dafür verloren gegangen.

Wenn es in einem Wolfsrudel wirklich jedesmal bei einer Konfrontation zu diesem Beißen käme, stünde das Alpha-Paar bald alleine da. Die Natur musste also einen weiteren Schritt erfinden, um das Beißen letztlich zu verhindern.

Der zweite Schritt: Respekt zeigen

Ich gehe davon aus, dass der den ganzen dreistufigen Prozess auslösende Schritt, die Respektlosigkeit gegenüber dem Alpha, unabsichtlich war. Bei Tieren ist das immer der Fall, wenn es nicht ganz konkret darum geht, den/die Alpha zu einem entscheidenden Kampf um die Führung des Rudels herauszufordern.

Bei Menschen, die das Kontinuum nicht mehr in derselben Selbstverständlichkeit kennengelernt haben, ist das nicht immer so klar. Bei Menschen ist es in aller Regel ein Test durch das Team oder ein Mitglied des Teams, ob der oder die Alpha tatsächlich bereit ist, die Gruppe zu führen. Was meistens als Protest gegen Führung verstanden wird, ist also auch als Wunsch nach Führung interpretierbar.

**Was wie Rebellion gegen Führung aussieht,
ist oft genau das Gegenteil:
die Hoffnung, der/die Alpha möge sich bewähren.**

Mitarbeiter rebellieren gegen Führung, um sie auf diese Weise hervorzurufen. Die Situation beruhigt sich schnell, wenn Vorgesetzte endlich einmal klar Stellung beziehen.

In einem Wolfsrudel ist die angemessene Reaktion des rangniedrigeren Wolfes „Kehle zeigen". Wölfe werfen sich oft auch auf den Rücken, was dieselbe Botschaft ausdrückt: *„Ich respektiere dich als Alpha, du musst es mir nicht zeigen"*.

Wir Menschen drücken das durch eine Entschuldigung aus. Wenn es noch gar nicht zu einem Fehler gekommen ist und der/die Alpha nur sicherheitshalber oder vorbeugend Dominanz zeigt, dann passt jede Form, in der der Rangniedrigere Respekt zeigt.

Das ist mit „Kehle zeigen" gemeint. Jede Formulierung, die klar und unmissverständlich zeigt, dass das Teammitglied die Hierarchie der Gruppe respektiert, ist okay und wirksam.

Wirksam heißt, sie führt sofort zum dritten und letzten Schritt dieses Ablaufs: Der/die Alpha beruhigt sich umgehend und die ganze Situation löst sich in Wohlgefallen auf.

Dritter Schritt: Die Situation ist vollständig gelöst

Durch die klare Reaktion des rangniedrigeren Mitgliedes der Gruppe entspannt sich die Situation. Es ist nichts passiert, alles hat sich aufgeklärt und die Gruppe macht dort weiter, wo sie für eine ganz kurze Zeit unterbrochen worden war.

Wenn Führung einmal etabliert ist, dann funktioniert dieser Ablauf sinngemäß auch in menschlichen Gemeinschaften reibungslos und entspannt. Aber bis es soweit ist, kann es bei Erwachsenen durchaus einige Zeit dauern.

Abweichungen von diesem natürlichen Ablauf

Abweichungen sind in jeder Phase möglich und kommen auch immer wieder vor.

Der Standardfehler vieler Führungskräfte besteht darin, keine ruhige und verlässliche Dominanz zu zeigen. Dadurch entsteht enormer Stress in der Gruppe, weil es einen/eine Alpha ohne Dominanz nicht gibt.

Der Standardfehler der Teammitglieder liegt darin, dass sie den zweiten Schritt nicht beherrschen. Dadurch erhöht sich der Druck auf den Alpha enorm. Die vielen Verletzungen des zustehenden Respekts kumulieren sich. Dadurch wird aus vielen kleinen Respektlosigkeiten irgendwann einmal eine sehr große Konsequenz, die keiner der einzelnen Verfehlungen angemessen ist, auch der letzten in der ganzen Reihe nicht, die dann das Fass zum Überlaufen bringt.

Das kann dann niemand verstehen und es beginnt ein Teufelskreis aus gegenseitigem Misstrauen und zunehmenden Respektlosigkeiten. Die gegenseitige Achtung nimmt mehr und mehr ab und die Gruppe zerfällt früher oder später. Weil Firmen sich aber nicht so einfach auflösen lassen, bleiben sie oft als weitgehend leblose Hülle weiter bestehen. Eine wirkliche Gruppe mit den hier immer wieder dargestellten positiven Auswirkungen auf die Gesundheit und Lebensfreude aller Teilnehmer ist das aber keineswegs.

So sehr es in der Verantwortung des Alpha liegt, für diesen Ablauf zu sorgen, so sehr muss aber auch klar sein, dass viel Menschen so zerstört sind, dass sie einfach nicht mehr angemessen reagieren können. Solche Teammitglieder kann man nur aus dem Team ausschließen. Sie werden ansonsten ihr Zerstörungswerk so lange fortsetzen, bis nichts mehr zum Zerstören da ist.

Die dritte Fehlentwicklung passiert im dritten Schritt, wenn eine der beiden Seiten oder im schlimmsten Fall sogar beide sich nicht mehr entspannen und den Ablauf nicht vergessen können. Was eigentlich ganz normal sein sollte, stockt dann ausgerechnet knapp vor dem positiven Ende. Beide Seiten sinnen dann auf Rache und Zerstörung ist das Ergebnis.

Epilog: Wie schafft man es, sich zu ändern?

Die Umsetzung neuen Wissens hinkt meistens drastisch hinter dem her, was man permanent an Neuem erfährt. Die Kluft zwischen Wissen und Tun wird in unserer Wissensgesellschaft täglich größer. Wir wissen, was wir tun sollten, aber wir schaffen es allzu oft nicht, diesem Wissen auch Taten folgen zu lassen.

Dadurch entsteht ein permanentes schlechtes Gewissen, das dazu führt, dass man sich ständig neue Ziele setzt und mit noch großem Elan an die Sache heran geht. Diesmal soll es ja klappen. Die Ergebnisse bleiben aber dieselben. Nach kurzer Zeit beginnt man die geplanten Aktivitäten aufzuschieben oder man vergisst im Tagestrubel ganz darauf. Ein wahrer Teufelskreis entsteht bis man sich irgendwann einmal ganz dem Tagesgeschäft ergibt und die Sache mit dem persönlichen Wachstum einfach ad acta legt.

Üblicherweise gibt man dem Tagesgeschäft oder ganz allgemein den Umständen oder der eigenen Willensschwäche die Schuld. Nichts davon stimmt. Es ist in den weitaus meisten Fällen schlicht die Strategie, die nicht stimmt. Man geht davon aus, dass große Ziele auch große Schritte erfordern. Diese Annahme klingt völlig logisch, dabei ist sie so falsch wie die Annahme, man müsste für einen Marathon doppelt so große Laufschritte machen wie bei einem Halbmarathon. Die Herausforderung liegt ganz woanders. Sie besteht darin,

- am Anfang eine ganz klare Entscheidung zu treffen und
- eine Strategie zu wählen, die man lange durchhalten kann.

Die Herausforderung, eine klare Entscheidung zu treffen

Klare Entscheidungen sind sehr selten. Im Allgemeinen bewegen sich die Auswahlen der Menschen – ich vermeide bewusst das Wort Entscheidungen – innerhalb der Grenzen ihrer Komfortzone. Nur äußerst selten gehen sie darüber hinaus und tun etwas, das ungewohnt ist. Nur solche Auswahlen, die über die Grenzen der Komfortzone hinausgehen, sollten als Entscheidungen bezeichnet werden. Alles Andere sind nur Reflexe auf bestimmte Auslöser, die gewohnheitsmäßig gewählt werden. Solche Auswahlen haben keine Kraft und bestehen nicht die kleinste Probe.

Der Student, der sich vorgenommen hat, heute abends zu lernen, gibt nach, wenn ihn ein Studienkollege anruft und ihn auffordert, ins Kino mitzugehen. Der anfängliche Widerstand ist nur Show und dient nur der Beschwichtigung des eigenen Gewissens.

Der Manager, der sich vorgenommen hat, heute abends früher nach Hause zu gehen, weil er seiner Tochter versprochen hat, zu ihrer Geburtstagsfeier zu kommen, knickt sofort ein, wenn sein Chef ihn anruft und einen dringenden Auftrag hat. Das Argument, dass letztlich die Karriere ja auch im Sinne der Familie ist, ergibt eine praktische Ausrede.

Der Plan, heute keine Süßigkeiten zu essen, fällt in sich zusammen, wenn ein Kollege ein Stück Schokolade anbietet. Es wäre nicht fair, diese freundliche Geste abzulehnen – und schon hat man nachgegeben.

In all diesen Fällen ist die eigentliche Sache nicht wirklich schlimm. Das eine Stück Schokolade ist keine Katastrophe und die drei Lernstunden könnten locker nachgeholt werden. Das Problem ist die Inkonsequenz, die dazu führt, dass dieselben Ausnahmen schon seit Jahren gemacht werden und dass sich das auch in Zukunft nicht ändern wird.

Die Entscheidung, sich in einer bestimmten Weise zu verhalten, war offenbar in diesen Beispielen gar keine Entscheidung. Sie war eine Absicht, eine unverbindliche Erklärung gegenüber dem eigenen Gehirn. Das wirklich Schlimme daran ist, dass das Gehirn ununterbrochen lernt und dass es daher auch an diesen Ereignissen übt, wie es sich in Zukunft verhalten wird. Wer durchhält, übt durchhalten. Wer aufgibt, übt aufgeben. Mit allem was wir tun, verstärken wir die Tendenz, die in diesem Tun enthalten ist.

Wirkliche Entscheidungen sehen ganz anders aus. Sie sind keine unverbindlichen Absichtserklärungen. Sie sind bindende Festlegungen. Das ist es, was wir meinen sollten, wenn wir davon reden, uns zu entscheiden. Eine Entscheidung ist definitiv. Sie fällt nicht um, sobald es die ersten Schwierigkeiten gibt.

Die wichtigsten aller Entscheidungen handeln von unseren Zielen, von dem, was wir anstreben. Diese Ziele geben unserem Leben eine Richtung und unserem Tun einen Sinn. Ziele unterscheiden den Gewinner vom Verlierer. Ziele halten uns auf der Bahn, auch wenn das Terrain schwierig wird. Ohne Ziele verwalten wir unser Leben bis zu seinem Ende. Ohne Ziele treiben wir einfach dahin und werden von unserer Vergangenheit und von äußeren Kräften in der Gegenwart gelenkt.

Wenn wir das auf die Themen dieses Buches übertragen, dann ist der erste Schritt sicherlich der, sich für ein besseres Führungsverhalten zu entscheiden. Vielleicht war dieses Ziel schon der Anlass, dieses Buch zu lesen. Dann können Sie direkt zum nächsten Kapitel weitergehen. Aber vielleicht war es bisher nur Neugierde oder ein starkes Interesse am Thema und die Entscheidung, das eigene Verhalten tatsächlich und konsequent zu ändern, steht noch aus.

Dann ist es jetzt an der Zeit, so eine Entscheidung zu treffen. Definieren Sie nicht den Weg, entscheiden Sie sich für einen bestimmten Zielzustand und die damit verbundenen Gefühle. Wie soll Ihr Leben als Vorgesetzter und als Elternteil in fünf bis zehn Jahren aussehen? In dieser Phase denken Sie nicht an die dazu notwendigen Schritte. Diese kommen später an die Reihe. Wenn Sie sich zu früh mit der Umsetzung herumschlagen, wird das Ihre Euphorie dämpfen und Ihre Ziele verkleinern.

So ein mittel- bis langfristiges Ziel findet man nicht auf die Schnelle und kann man auch nicht in einem Seminar kaufen. Man muss es in sich finden und wachsen lassen. Nur dann ist es ein eigenes Ziel, eines, das es wert ist, auch durch schwere Zeiten verfolgt zu werden.

Die Herausforderung, langfristig an einem Ziel dran zu bleiben

Ziele sind dazu da, einen Richtungswechsel im Leben herbeizuführen. Man bräuchte sie nicht, wenn man ohnedies dabei ist, alles zu erreichen, was einem vorschwebt. Die Richtung im Leben entsteht durch unsere alltäglichen Handlungen und diese wiederum beruhen zum weitaus überwiegenden Teil auf unseren Gewohnheiten. Nur ein kleiner Teil unserer täglichen Auswahlen kommt bewusst zustande. Das meiste passiert aufgrund unserer zum Teil jahrelangen Gewohnheiten.

Das ist der Grund, warum wir immer wieder mit unseren Vorhaben scheitern. Wir akzeptieren nicht, dass es sich um Gewohnheiten handelt, sondern tun so, als könnten wir einfach durch einen Willensakt von heute auf morgen in eine andere Richtung gehen. Wir überschätzen einfach unsere Willenskraft. Diese ist beschränkt und wird durch jedes einzelne Thema, in dem wir uns auf sie verlassen, mehr und mehr verbraucht. Gewohnheiten dagegen sind automatisierte Abläufe, die keinerlei Willenskraft brauchen. Eine Gewohnheit ist ja gerade dadurch charakterisiert, dass ihre Nichteinhaltung Kraft braucht, wogegen ihre Befolgung von selbst erfolgt. Ein Raucher braucht keine Kraft um sich eine Zigarette anzuzünden, wogegen der Verzicht enorme Mengen an Willenskraft braucht.

Eine Richtungsänderung erfordert darum immer neue Gewohnheiten. Gewohnheiten beruhen auf Nervenverbindungen im Gehirn, die so oft benutzt wurden, dass sich in ihnen der elektrische Strom viel schneller bewegen kann als in neuen Verbindungen. Man vermutet dahinter den Prozess der Myelinisierung, also der immer besseren elektrischen Isolation der betreffenden Nervenverbindungen durch immer neue Schichten an (fettem) Myelin. Man kann an einer Nervenverbindung das Ausmaß ihrer Nutzung auf ähnliche Weise feststellen, wie man die Lebensjahre eines Baumes durch die Anzahl seiner Altersringe bestimmt. Je mehr Altersringe, desto älter ist der Baum. Je mehr Myelinschichten, desto öfter wurde die betreffende

Nervenverbindung im Gehirn genutzt. Nur durch Benutzung entstehen neue Schichten. Damit ist der Wert des Übens, wenn man also eine bestimmte Nervenverbindung im Gehirn immer wieder benutzt, erstmals neurologisch begründbar.

Gewohnheiten, die definitionsgemäß quasi von selbst ablaufen, entstehen nur durch langfristiges Üben. Konsequenz ist der Schlüssel. Ohne konsequentes Üben entstehen keine neuen Gewohnheiten. Ohne neue Gewohnheiten bleiben wir in der Komfortzone. Nichts ändert sich. Wir sind ein weiteres Mal schlauer geworden ohne davon zu profitieren.

Wie gestaltet man den Prozess des Übens, damit er sicher und stabil wird?

1. Man muss die einzelnen Übungsschritte so klein machen, dass es keine Ausreden mehr gibt, sie auszulassen. Es ist viel besser, kleine Schritte langfristig durchzuhalten, als große Schritte nach kurzer Zeit zu beenden.
2. Diese einzelnen kleinen Schritte sind dann konsequent einzuhalten. Geht das nicht, müssen die Schritte verkleinert werden. Wenn die Schritte bereits minimal sind, dann ist offenbar das damit verfolgte Ziel nicht attraktiv genug und das Projekt sollte besser aufgegeben werden, weil es schlussendlich ohnedies nicht erfolgreich beendet werden wird.
3. Es gibt davon keine Ausnahmen. Im letzten Punkt habe ich scheinbar widersprüchlich geschrieben, dass – wenn es doch einmal zu Ausnahmen kommen sollte – diese kurzfristig nachgeholt werden müssen. Menschen funktionieren nicht wie Roboter und daher muss es Regeln für Fehler geben, auch wenn diese gar nicht vorkommen sollten.
4. Tägliche Schritte (zumindest dreimal in der Woche) sind besser als wöchentliche oder gar monatliche. Was man täglich tut, oder zum Beispiel an fünf Tagen in der Woche, das ergibt viele Wiederholungen in kurzer Zeit und die gewünschten Gewohnheiten entstehen schneller.

5. Passieren Ausnahmen von der Regel dennoch, sind sie umgehend nachzuholen. Grundsätzlich ist aber jede Ausnahme eine echte Gefahr für das gesamte Projekt. Nicht weil der Übungseffekt dieses einen Males fehlt, sondern weil jede Ausnahme die Konsequenz schwächt.
6. Nutzen Sie alle zur Verfügung stehenden technischen Hilfsmittel, um ihre eigenen Willenskräfte zu schonen. Die App „Goalify™" bzw. die Version für professionelle Organisationen „Goalify Professional™", unterstützen diesen Prozess auf vorbildliche Weise.

Ich wünsche Ihnen für Ihr Vorhaben viel Erfolg. Kontinuum-basierende Führung wird ihr Leben in beeindruckender Weise neu gestalten.

Dankesworte

Ich verdanke alles den Denkern und Autoren, die mich durch ihre Bücher inspiriert haben. Nur wenige davon haben sich ausdrücklich mit Führung befasst. Ich durfte erkennen, dass es mehr darum geht, wer wir sind als um das, was wir tun. Unser Sein drückt sich durch das Tun aus. Unser Tun ist somit eine Folge, unser Sein die Ursache. In der Sucht unserer westlichen Kultur nach schnellen Erfolgen geht dieser Zusammenhang viel zu oft unter. Man versucht die Folgen zu verändern, ohne die Ursachen zu berühren. In den vier Evangelien und in den tausende Jahre alten Weisheitslehren der Menschheit wurde ich nachdrücklich mit diesem Konzept vertraut gemacht. Was zuerst wie ein Schritt zurück aussieht, erweist sich in der Praxis als unverzichtbare Voraussetzung für jeden Schritt vorwärts.

Viel habe ich von beeindruckenden Führungskräften lernen dürfen. Vom Verhalten her sind sie sehr unterschiedlich mit einer enormen Bandbreite von extrovertiert bis zurückgezogen und ruhig. Aber alle sind authentische Persönlichkeiten, verlässlich, anständig, korrekt. Sie alle haben das Vertrauen ihrer Mitarbeiter, die spüren, dass man sich auf solche Menschen auch dann verlassen kann, wenn es hart wird.

Meiner Familie und ihrer Geduld mit meinem tastenden Fortschreiten in meinen Führungsfähigkeiten verdanke ich so viel, dass ich es wohl nie werde zurückgeben können. Ulrike, Julia, Michael, Cornelia und Katharina gehören zu den unschätzbaren Lehrmeistern, die mir das Leben zur Verfügung gestellt hat. Mittlerweile fordert uns schon die nächste Generation heraus mit ihrem unstillbaren Wissensdrang und dem drängenden Verlangen, ihre Potenziale entwickeln zu können. Es ist jede einzelne Sekunde und jede Mühe wert, wenn wir es als Eltern und Vorgesetzte schaffen, diese Entwicklungsprozesse zu unterstützen, statt sie zu unterbinden.

Ich musste lediglich aufmerksam sein und wahrnehmen. Dort wo ich mich vor diesem Lernen gedrückt habe, waren die Konsequenzen des Lebens hart und eindeutig wie im Leben jedes Menschen. Abkürzungen und Tricks habe ich keine gefunden, wohl weil es sie nicht gibt.

Immer aber war ich beschützt und geleitet von der Kraft, die mich geschaffen hat. Wenn ich nicht auf sie gehört habe, dann war es immer schmerzhaft. Wenn ich auf sie hörte, war ich ausnahmslos erfolgreich. Irgendwann einmal dämmerte es mir dann, dass ich dieser Kraft wohl besser nicht im Weg stehe, wenn sie mich führen will. Mögen meine Leser schneller sein als ich und sich ohne Zeitverzug dieser Führung anvertrauen.

Life loves you!

Manfred Winterheller

Über den Autor

Prof. Dr. Manfred Winterheller ist international erfolgreicher Vortragender, Unternehmer, Coach und Autor. Seine Philosophie und Methode sind die Grundlage seines gesamten Tuns – auf der Bühne und fern abseits. Dadurch sind seine Vorträge von einer einzigartigen Authentizität und Energie geprägt und werden weltweit nachgefragt. 2003 wurde er von der Europäischen Kommission zu einem der 10 besten Arbeitgeber der EU, 2005 vom Institute for International Research Austria zum Speaker of the Year ernannt.

Seinen Ursprung hat Prof. Dr. Manfred Winterheller in der klassischen Betriebswirtschaftslehre und Steuerberatung. Sein Buch über die kurzfristige Unternehmensplanung ist ein Standardwerk und Pflichtlektüre an vielen Universitäten. Für seine Beiträge zur Entwicklung der Betriebswirtschaftlehre wurde er als Honorarprofessor der Alpen-Adria-Universität Klagenfurt und als Gastprofessor an der Donau-Universität Krems geehrt.

Im Jahre 1988 gründete er die WINTERHELLER software GmbH und entwickelte die mehrfach ausgezeichnete Planungs- und Budgetierungssoftware *Professional Planner*. Mit dem international erfolgreich agierenden Unternehmen bewies Dr. Winterheller die Umsetzbarkeit und Relevanz seiner Führungs- und Managementphilosophie und wurde dafür 2003 von der Europäischen Kommission mit der *Great Place to Work* Auszeichnung geehrt — als bester Arbeitgeber Österreichs und einer der 10 besten Arbeitgeber Europas. Diese Kombination von Wissenschaft und Theorie und der praktischen Umsetzung ergibt eine einzigartige Authentizität seiner Vorträge.

Das Familienunternehmen mit Niederlassungen in mehreren europäischen Staaten, wurde 2011 erfolgreich verkauft. Dr. Manfred Winterheller konzentriert sich seitdem vollständig auf seine Vortrags-, Coaching und Autorenaktivitäten, die in der WINTERHELLER management GmbH zusammengeführt wurden. Seine Vorträge werden weltweit nachgefragt – vom internationalen Stahlkonzern bis hin zur lokal tätigen NGO. Seine Zuhörer reichen vom Vorstandsvorsitzenden bis hin zum Schüler und alle sind sich in einem Punkt einig: sie fühlen sich direkt angesprochen und profitieren von den Inhalten. Jedesmal.

Dr. Manfred Winterheller wird für viele Bereiche nachgefragt, unter anderem für:

- Ein- oder mehrtägige Managementseminare
- Firmeninterne Seminare zum Thema Führung, Strategie und Persönlichkeitsentwicklung
- Moderation von Kick-offs und anderen wichtigen Meetings
- Vorträge für Events mit beliebig vielen Zuhörern
- Universitätslehrgänge

Endnoten

1/ Jean Liedloff, The Continuum Concept, London 1975, auf Deutsch: Auf der Suche nach dem verlorenen Glück.

2/ Jean Liedloff, Auf der Suche nach dem verlorenen Glück, http://www.amazon.de/dp/3406585876

3/ Mihaly Csikszentmihalyi, Flow, Das Geheimnis des Glücks, http://www.amazon.de/dp/3608945555

4/ Ein Beispiel dafür sind die Perzentiltabellen für Größe und Gewicht von Kindern. Es wird einfach der Durchschnitt aus einer Untersuchung genommen und daraus dann abgeleitet, welche Kinder „richtig" sind und welche nicht. Über Maßstäbe, die über schlichte mathematische Durchschnittsbildung hinausgehen, verfügen wir nicht.

5/ Der Vollständigkeit halber sei hier schon darauf hingewiesen, dass es leider zahlreiche Menschen gibt, deren Traumatisierungen so schwer sind und die sich so weit in sich selbst zurückgezogen haben, dass sie sich auch von nunmehr förderlichen Umgebungen nicht mehr heilen lassen. Sie haben ihr Vertrauen so weit verloren, dass sie niemandem und keiner Situation mehr eine Chance geben.

6/ Das Geschlecht dieses Alphatieres ist bei vielen Arten männlich, bei vielen weiblich. Ich neige zur Auffassung, dass es bei Menschen nicht unbedingt geschlechtlich fixiert ist, sondern dass diese Rolle von Männern und Frauen übernommen und ausgefüllt werden kann.

7/ Die wissenschaftliche Pädagogik hat diese Einmischung zu einer richtigen Methode gemacht und „Lernspiele" genannt. Es ist wissenschaftlich erwiesen, dass die Einmischung von Erwachsenen in das Spielen von Kindern diese aggressiv und zornig macht. Es ist offensichtlich, wie genau das zu den obigen Ausführungen über das Verletzen von Kontinuums-Erwartungen passt.

8/ Es macht betroffen, wenn schon kleine Kinder durch Fernsehen anfangen, die Freude am Kontakt mit Gleichaltrigen und am Spielen zu verlieren. Sie ziehen Fernsehen vor und sogar sehr kleine Kinder mit Fernsehhintergrund beenden das Spielen, wenn eine Sendung kommt, die sie schauen dürfen.

9/ Simon Rattle, Rhythm is it, 2004

10/ Dass wir es als Menschen geschafft haben, verschiedene Formen von Arbeit zu schaffen, die in sich schädlich sind, steht dazu in keinem Widerspruch. Diese Arbeiten sind in aller Regel nichts, was im Sinne des obigen Satzes „zu tun ist". Es sind Arbeiten, die Menschen nur deshalb erledigen, weil sie keine andere Chance sehen, ihr Leben zu finanzieren.

11/ Sogar wenn sie uns schon fertig ausgebrütet zur Verfügung stünden, bedarf es konsequenter Arbeit um sie nutzbringend einzusetzen.

12/ Das ist naturgemäß mit Maß und Ziel umzusetzen. Ein Zuviel macht die Sache genauso unglaubwürdig wie ein Zuwenig die Bindung schwächt. Wenn den Mitgliedern alles klar ist, dann muss es nicht ewig betont werden. Die Erfahrung zeigt aber, dass viele Menschen in dieser Sache so wenig Übung haben, dass es anfangs kaum darum geht, Übertreibungen zu vermeiden, ganz im Gegenteil.

13/ In Österreich und Deutschland war er der Vogel des Jahres 2001. Auf seine Verbreitung innerhalb der menschlichen Population hatte das meines Wissens keinen Einfluss..

14/ MILS heißt „Mach ich's lieber selber"; ich habe eine Zeit lang in meinen Seminaren MILS-Buttons verteilt, die man sich stolz an die Brust heften konnte J

15/ Diesen Zusammenhang verdanke ich Ekkehard von Braunmühl, Zeit für Kinder, 1993. https://www.amazon.de/dp/3981044428

16/ Ein in seiner perfiden Perfektion besonders deutliches Beispiel ist die Oberschwester Mildred Ratched im Film „Einer flog über das Kuckucksnest". Sie sorgt durch vorgespielte Besorgnis dafür, dass R.P. Murphy nicht entlassen wird, und sie sorgt auch für den Selbstmord eines anderen Insassen. Gerade in den Szenen vor dem Selbstmord wird ihre lügnerische Tödlichkeit deutlich, weil sie die zum Selbstmord führenden Sätze mit einer unglaublich zuckersüßen Liebenswürdigkeit spricht, obwohl sie genau weiß, welche Unmenschlichkeit sie dem jungen Mann gegenüber begeht. Es ist typisch für solche Menschen, dass sie von ihrer gelehrten Umgebung nicht durchschaut wird, sehr wohl aber von den noch nicht vollkommen zerstörten Insassen des Irrenhauses.

17/ In meinem Buch „Start Living 2" habe ich diese Zusammenhänge ausführlich dargestellt.

18/ 1978 erschienen, beschreibt dieses Buch das Schicksal eines drogenabhängigen Mädchens. http://www.amazon.de/dp/3551359415; das Buch wurde auch verfilmt: http://www.amazon.de/dp/B0090C63V4

19/ Ähnlich auch manche Szenen im bereits zitierten Film „Zurück im Sommer", wo die Mutter immer wieder dem Kind ihre Liebe beteuert, ohne es jemals zu beschützen. Gleich am Anfang des Films wirft der Vater das Kind aus dem Auto und es wäre für die Mutter theoretisch einfach gewesen, auch auszusteigen, aber sie lässt das Kind allein und fährt mit dem brutalen Vater mit. Ähnliche Szenen wiederholen sich.

20/ Ein eindringlich gespieltes Beispiel liefert Nicole Kidman im Film „Der menschliche Makel", wo sie erzählt, wie sie vom Stiefvater missbraucht wurde und die Mutter sich weigerte, sie zu beschützen. http://www.amazon.de/dp/B0002PZ9MW

21/ Das Wort „entsetzlich" mag übertrieben erscheinen. Das liegt aber nur daran, dass wir uns an die permanenten Existenzängste des modernen Menschen gewöhnt haben. In den reichsten Ländern der Welt, so auch in Österreich, liegen die Durchschnittseinkommen knapp über dem Existenzminimum. Was ist das für eine perverse Art von Leben, wenn man permanent um das Überleben kämpfen muss?

22/ Wir leben als Menschen in der Illusion, uns beständig auf einen Höhepunkt zuzubewegen, der auf mystische Weise jeweils knapp bevorzustehen scheint. In der Wissenschaft wird das meistens so ausgedrückt, dass in einer bestimmten Angelegenheit noch nicht alles ganz klar erforscht und bekannt sei, was so viel heißt wie: Der Durchbruch steht permanent knapp bevor. Tatsächlich aber bringen alle unsere Problemlösungen weit mehr neue Probleme hervor als sie lösen. Die Weisen sprechen daher von Degeneration, die durch das irrtümliche Gefühl der Trennung von Mensch und Schöpfung hervorgerufen wird.

23/ Speziell in Zeiten, in denen immer mehr Menschen aus ihren Tätigkeiten wegrationalisiert werden, macht eine Verbindung aus Grundeinkommen und Arbeit keinen Sinn mehr. Wenn in manchen Ländern der EU (!) rund 50 % der jungen Menschen keine Arbeit mehr finden, wie kann man dann nach wie vor an so überkommenen Vorstellungen wie Geld gegen Arbeit festhalten?

24/ Siehe dazu die Bücher von C. N. Parkinson. Mit dem Parkinson'schen Gesetz hat er einen zeitlosen Klassiker geschaffen. Er hat sich seinem Thema mit so viel Humor genähert, dass die darin enthaltenen Wahrheiten vielfach übersehen werden. http://www.amazon.de/dp/3878647611

25/ Jim Collins ist in einer viel beachteten Untersuchung aus einem ganz anderen Blickwinkel zu einem ähnlichen Schluss gekommen, den er unter den prägnanten Titel stellte: „First who, then what." Zuerst wer, dann was. Er behauptet auf Basis seiner Untersuchungen, dass Manager, die ihre Unternehmen zu absoluten Highflyern gemacht hatten, ihre Teams nach diesem Grundsatz rekrutierten. Jim Collins, Der Weg zu den Besten, http://www.amazon.de/dp/3593386488

26/ Angela Duckworth, GRIT – die neue Formel zum Erfolg. https://www.amazon.de/dp/3570102750

27/ Die eigentlich naheliegende Vermutung, dass so etwas nur bei Menschen existieren könne, stimmt leider nicht, wobei in den Fällen, wo es auch bei Tieren zu solchen extremen Rückzügen kommt, in der Regel auch Menschen beteiligt sind. Wenn beispielsweise Hunde sehr grausam gehalten werden, dann können sie die Fähigkeit verlieren, ein kooperatives Mitglied eines Rudels zu sein. Was immer ein neuer Besitzer auch tut, sie finden nicht mehr in ein natürliches und der neuen, besseren Situation angemessenes Verhalten zurück. Ich nehme an, dass es auch bei Tieren letztlich keine Verhaltensprobleme, sondern Wahrnehmungsprobleme sind.

28/ Siehe dazu auch die Punkte 2 und 5 unter den Voraussetzungen für Flow

29/ Im Film „Cast Away – Verschollen" benutzt der nach einem Flugzeugabsturz auf einer einsamen Insel gestrandete Chuck Noland, gespielt von Tom Hanks, einen Volleyball als Gesprächspartner. Ohne diesen „Partner" würde er in Wahnsinn und Verzweiflung versinken. Er gibt ihm sogar einen Namen (Wilson), nach dem Hersteller des Balls. http://www.amazon.de/dp/B000FTWTYG

30/ Das Zitat stammt aus meinem Buch über Kommunikation – „Wenn die Berge sich hinwegheben", http://www.amazon.de/dp/3902148020

31/ Ein eingespieltes Orchester bräuchte tatsächlich nicht mehr als diese Anfangs- und Ende-Signale. Aber dann würden sie eben immer dasselbe spielen und sich kaum weiterentwickeln. Und ehrlich gesagt, für den Einsatz genügt auch der Konzertmeister. So einen Fall gab es sogar wirklich einmal bei den Wiener Philharmonikern. Als sie einmal einen Dirigenten ablehnten, reagierten sie nicht auf seinen Einsatz, sondern warteten, bis der Konzertmeister seinen Bogen hob und den Einsatz gab.

In diesem Verlag sind bisher erschienen:

start living 1
Das 6 Wochen Training
Dr. Manfed Winterheller
EUR 15,90
ISBN 3-902148-00-4

start living 2
... die zweiten 6 Wochen
Dr. Manfred Winterheller
EUR 15,90
ISBN 3-902148-12-8

Wenn die Berge sich hinwegheben
Die außergewöhnlichen Wirkungen
der Kommunikation nach der WINTERHELLER-Methode ©
Dr. Manfred Winterheller
EUR 19,90
ISBN 3-902148-02-0

Wie Sie Berge versetzen
Praktische Anleitungen zur Kommunikation
nach der WINTERHELLER-Methode ©
Claudia Jiménez Arboleda
EUR 19,90
ISBN 3-902148-03-9

Im Verlag als Hörbuch erschienen:

Teil 1: Endlich leben! statt überleben
Dr. Manfred Winterheller
193:75 Minuten

Teil 2: Erfolgreich sein! statt recht haben
Dr. Manfred Winterheller
166:91 Minuten

Teil 3: Beharrlich sein! statt keine Fehler machen
Dr. Manfred Winterheller
166:85 Minuten

Dr. Manfred Winterheller LIVE in Graz
Dr. Manfred Winterehller
41:54 Minuten

Start Living 1: Das 6 Wochen Training
Dr. Manfred Winterheller
Gesprochen von: Patrick Giese
210 Minuten

start living für Jugendliche
Dr. Manfred Winterheller
88 Minuten

Über die Wirksamkeit ausbleibender Ratschläge
Gespräch mit Manfred Winterheller
Teil 1
Dr. Manfred Winterheller
59 Minuten